铁路站房门窗幕墙检测与维护技术

主　编◎李　浩
副主编◎李光远　邹　勇　黄　波

中国铁道出版社有限公司

2024年·北京

图书在版编目(CIP)数据

铁路站房门窗幕墙检测与维护技术 / 李浩主编；李光远, 邹勇, 黄波副主编. —北京：中国铁道出版社有限公司, 2024.5
 ISBN 978-7-113-31029-5

Ⅰ. ①铁… Ⅱ. ①李… ②李… ③邹… ④黄… Ⅲ. ①铁路车站-站房-门-维修②铁路车站-站房-窗-维修③铁路车站-站房-幕墙-维修 Ⅳ. ①TU248.1

中国国家版本馆 CIP 数据核字(2024)第 018246 号

书　　名：铁路站房门窗幕墙检测与维护技术
作　　者：李　浩

策　　划：王　健
责任编辑：王　健　　　编辑部电话：(010)51873065
封面设计：尚明龙
责任校对：刘　畅
责任印制：樊启鹏

出版发行：中国铁道出版社有限公司 (100054，北京市西城区右安门西街 8 号)
网　　址：http://www.tdpress.com
印　　刷：北京联兴盛业印刷股份有限公司
版　　次：2024 年 5 月第 1 版　2024 年 5 月第 1 次印刷
开　　本：710 mm×1 000 mm　1/16　印张：15　字数：266 千
书　　号：ISBN 978-7-113-31029-5
定　　价：75.00 元

版权所有　侵权必究

凡购买铁道版图书，如有印制质量问题，请与本社读者服务部联系调换。电话：(010)51873174
打击盗版举报电话：(010)63549461

编委会

主　　编：李　浩

副 主 编：李光远　邹　勇　黄　波

编　　委：何燕翔　邱文海　张伯汉　刘俊麟　黄伟辉
　　　　　吴家强　徐炯星　黄永彪　陈清枫　何　翔
　　　　　陈　彬　张道均　辛伟方　王研科　邓辉城
　　　　　黄　煜　赵　涛　宋振宇　王　华　林智斌
　　　　　王文欢　刘小根　王红宇　许曙光　司耀黎
　　　　　郑锦耀　蔡文枫　吴学广　陈浩军　陈伟龙
　　　　　李达亮　王炎龙　辜卢峰　朱可欣　李　硕
　　　　　陈厚泽　黄　彬　赵崇基　李青松　张达祥
　　　　　宋金昭

专　　家：谭月仁　贺海建　苏志良　杨　健　万德田
　　　　　杜　强　刘　锋　刘正权　陈孔东　赵庆国
　　　　　蒋　郁

主编单位：中国铁路广州局集团有限公司

承编单位：广州安德信幕墙有限公司

参编单位：上海交通大学
　　　　　西安建筑科技大学
　　　　　长安大学
　　　　　广东工业大学
　　　　　中铁第四勘察设计院集团有限公司
　　　　　中铁电气化局集团北京建筑工程有限公司
　　　　　中国建材检验认证集团股份有限公司
　　　　　常州市建筑科学研究院集团股份有限公司
　　　　　广东建威检测有限公司
　　　　　通号工程局集团有限公司
　　　　　铁科院(深圳)检测工程有限公司
　　　　　南京中科特检机器人有限公司
　　　　　北京双圆工程咨询监理有限公司

前　　言

建筑装饰幕墙早在19世纪中叶就已在建筑工程中使用，1851年，在伦敦举办的工业博览会建造了用玻璃板覆盖的水晶宫建筑，宣告了现代幕墙时代的开始。自20世纪50年代以来，由于建筑材料及加工工艺的迅速发展，各种类型的建筑材料研制成功，如各种密封胶的发明及其他隔声、防火填充材料的出现，很好地解决了建筑外围对幕墙的指标要求并逐渐成为当代外墙建筑装饰新潮流。

我国建筑幕墙起步较晚，从1984年北京长城饭店算起，随后陆续建成的高层建筑如深圳国贸大厦、广州国际大厦、北京京广中心、北京国贸大厦、上海锦江饭店等都大面积采用了建筑幕墙。从20世纪80年代开始，随着我国改革开放和建筑技术的飞速发展，大量不同类型的建筑幕墙在我国建筑行业得到广泛的应用。目前，幕墙不仅广泛应用于各种建筑物的外墙，还应用于各种功能的建筑内墙，如航空港（机场）、铁路站房、体育馆、博物馆、文化中心、大型酒店、大型商场等。

铁路是国家的重要基础设施，是国民经济的大动脉。截至2023年底，中国铁路运营里程为15.9万公里以上，其中高铁4.5万公里。高速铁路的迅猛发展，逐渐影响着人们的出行方式。

铁路站房作为铁路的重要节点和构成要素，在铁路网建设中有着举足轻重的作用。从北京前门车站的花窗到老北京站的落地窗，再到今天的深圳北站、广州南站、雄安高铁站的幕墙，无论是枢纽站还是中间站，门窗幕墙都得到了广泛应用。

按建筑幕墙的设计使用寿命25年计算，至今既有建筑幕墙很多已达到或超过其设计使用年限,加之我国与幕墙相关的设计、施工、验收国家标准等文件在1996年之后才陆续发布执行,在其颁布之前完工的幕墙因使用不当、维护不足引起的安全隐患多,安全问题时有发生。

既有建筑门窗幕墙安全检查、检测与维护保养(简称维保)是一项烦琐而又复杂的工作,以往人们只能通过定期目测、手动、耳听的检查方法,结合简单的材料性能及尺寸测量等常规手段进行现场检查检测,这些方法往往只能在表观层次上发现门窗幕墙存在的安全问题,未能从深层次上发现或预测门窗幕墙的安全隐患。尤其是高铁站房门窗幕墙,与民用建筑相比,因受动车运行振动、交变风荷载、温度变化的影响,其稳固性和安全性要求更高。目前,针对铁路站房门窗幕墙安全运营所需的检测、维护维修技术的专著还很少见,本书能够为铁路站房门窗幕墙的安全管理提供技术支持与指导。

本书用全生命周期的理念从技术、材料、施工、维护维修、安全检测评估等方面阐述铁路站房门窗幕墙的特点和建造技术,分析总结铁路站房门窗幕墙安全管理和安全运营的技术状态,并融合国内建筑门窗幕墙检测与维护维修领域具有较强专业知识及实践经验的一线资料,结合现行国家、行业及地方标准和规范,系统介绍铁路客站站房门窗幕墙检测与维护技术,由浅入深地描述铁路客站站房门窗幕墙的基础知识、典型失效模式、检测与维护维修新技术。

本书适用于铁路站房门窗幕墙设计、施工、维护保养及相关管理人员学习培训,可供既有建筑门窗幕墙安全评估及风险检测人员参考。本书对提高相关人员门窗幕墙专业知识,提升其工作与业务能力,间接降低铁路客站站房门窗幕墙安全风险和隐患具有积极作用。

为了反映国内外相关研究动态及成果,本书参考了公开发表的论文、标准、规范及书籍等相关资料,丰富了本书的内容,在此对这些资料的作者表示感谢。

铁路站房门窗幕墙的安全检查、检测及维保涉及材料、结构、物理化学及试验、测试、检测、仪器等多学科的知识。由于笔者知识面及能力有限，书中难免会出现错漏的地方，希望读者在阅读和使用过程中批评指正，以期达到共同进步的目的。

本书编委会

2023 年 12 月于广州

目　　录

第1章　门窗幕墙概述及其发展状况 ··· **1**

1.1　门窗的概念及特征 ··· 1
1.2　幕墙的概念及特征 ··· 1
1.3　窗与幕墙的区别 ··· 2
1.4　门窗幕墙的发展历史 ··· 3
1.5　铁路站房门窗幕墙的发展历史 ······································ 12
1.6　门窗幕墙研究现状 ·· 17
1.7　既有幕墙安全管理与维护 ·· 19

第2章　幕墙主要结构形式及分类 ·· **21**

2.1　建筑幕墙主要结构形式与分类 ······································ 21
2.2　我国铁路站房幕墙主要结构形式及特征 ······························ 34
2.3　我国铁路站房典型幕墙工程案例 ···································· 37

第3章　铁路站房门窗幕墙用材料基本要求与检测 ······························ **45**

3.1　玻　　璃 ·· 45
3.2　石材及复合板 ·· 61
3.3　金属板及复合板 ·· 70
3.4　建筑幕墙结构及密封材料 ·· 76
3.5　铝合金型材 ·· 84
3.6　钢　　材 ·· 96
3.7　连接、紧固件及五金件 ·· 99

第4章　铁路站房幕墙制作安装质量要求 ······································ **111**

4.1　玻璃幕墙工程质量要求及检验 ····································· 111

4.2 石材幕墙工程质量要求及检验 ……………………………………… 124

4.3 金属幕墙工程质量要求及检验 ……………………………………… 127

4.4 幕墙工程防雷及防火性能要求及检测 ……………………………… 129

第 5 章 铁路站房幕墙性能及技术要求 …………………………………… 132

5.1 幕墙的性能要求 ……………………………………………………… 132

5.2 铁路站房幕墙设计的要求 …………………………………………… 140

第 6 章 既有幕墙典型失效模式 …………………………………………… 142

6.1 既有建筑幕墙典型安全事故 ………………………………………… 142

6.2 既有建筑幕墙典型失效模式及影响 ………………………………… 144

第 7 章 既有幕墙的安全性评价 …………………………………………… 168

7.1 既有建筑幕墙定期安全性检查 ……………………………………… 168

7.2 既有建筑幕墙安全检测鉴定 ………………………………………… 173

7.3 既有建筑幕墙安全现场检测仪器设备 ……………………………… 176

第 8 章 铁路站房建筑幕墙安全管理与维护 ……………………………… 183

8.1 我国幕墙安全管理及维护的法规文件 ……………………………… 183

8.2 幕墙维保发展现状 …………………………………………………… 184

8.3 常见建筑幕墙安全隐患的防范与治理 ……………………………… 185

第 9 章 铁路站房既有幕墙检测技术 ……………………………………… 188

9.1 钢化玻璃自爆原因与检测技术 ……………………………………… 188

9.2 幕墙面板安装牢固度振动测试无损检测技术 ……………………… 198

9.3 幕墙结构密封胶现场检测技术 ……………………………………… 199

9.4 建筑幕墙热缺陷红外检测技术 ……………………………………… 203

9.5 建筑幕墙健康监测技术 ……………………………………………… 205

第 10 章 铁路站房地弹门的维护与保养 ………………………………… 208

10.1 地弹门概述 ………………………………………………………… 208

目 录

10.2 地弹门安装技术要求 …………………………………………… 212
10.3 常见地弹门安全隐患 …………………………………………… 214
10.4 地弹门工程验收 ………………………………………………… 220
10.5 地弹门使用过程中的检查、维护要求及方法 ………………… 222

参考文献 …………………………………………………………… 224

第 1 章　门窗幕墙概述及其发展状况

1.1　门窗的概念及特征

门和窗是建筑物围护系统中重要的组成部分,是建筑围护结构唯一的开口部位,是连通室内与室外的建筑"眼睛"。

门是用于室内、室内外交通联系及交通疏散,起通风采光作用的构造。

窗是连通室内外,起通风、采光、观景眺望作用的构造。

门窗的作用如下:

门窗按其所处的位置不同分为围护构件或分隔构件,根据不同的设计要求,具有保温、隔热、隔声、防水、防火等功能。

门和窗是建筑造型的重要组成部分,所以它们的形状、尺寸、比例、排列、色彩、形式等对建筑的整体形象都有很大的影响。

随着人们生活品质的不断提高,门窗不仅须满足国家标准规定的水密性、气密性、抗风压性能、隔声性能、保温性能、采光性能等,而且还要实现视觉美观、运营智能的需求。赣深铁路和平北站外立面如图 1-1 所示。

图 1-1　和平北站外立面照片

1.2　幕墙的概念及特征

建筑幕墙是由支承结构(铝横梁立柱、钢结构等)与板材(玻璃、铝板、石板、陶瓷板等)组成,是不承担主体结构载荷与作用的建筑外围维护结构,是近代科学技术发展的产物,也是现代高层建筑的显著特征。建筑幕墙具有以下四个主要特征:

1. 由支撑体系和幕墙面板材料组成;
2. 建筑幕墙通常与建筑主体结构采用可动连接方式,可相对于主体结构有一定的位移能力;
3. 建筑幕墙是一种建筑外围护结构或装饰性构造,是相对独立于主体结构外的、一种完整的结构体系,只承受自重和直接施加其上的载荷作用,并传递到主体结构上,但不分担主体结构所承受载荷作用;
4. 建筑幕墙集采光、防风、遮雨、保温、隔热、御寒、防噪声、防空气渗透等使用功能,与装饰功能有机地融合,是建筑技术、功能、结构和建筑艺术的综合体。

龙川西站幕墙结构如图 1-2 所示。

图 1-2　龙川西站幕墙结构照片

1.3　窗与幕墙的区别

在国家标准《建筑幕墙》(GB/T 21086—2007)的定义中提道:幕墙相对主体结构有一定位移能力,所以建筑幕墙与窗最本质的区别是,窗相对主体结构不具备位移的能力。另外,窗是固定在主体结构洞口内的外围护构件,只有面板体系和龙骨体系,没有连接体系,而建筑幕墙体系的三要素是面板体系、龙骨体系和支座连接体系。

在幕墙设计中,将龙骨体系通过支座悬挂在主体结构上,并设计伸缩缝等构造措施确保相对位移的实现。

1.4 门窗幕墙的发展历史

1.4.1 门窗发展历史

原始社会时期,不存在房屋一说,人类的祖先大多是住在山洞,自然也没有门窗的概念。在我国,半坡仰韶文化人造居处的、用于采光和出烟的二面坡屋顶开口,是最为原始的窗形式。在石器时代,有巢氏开始带领人们用木土建房,并设置有简易门窗构造。

到了春秋战国时期,我国才真正开启了门窗时代,那时候的门窗主要以木头、绫、茅草作材质,对门窗样式并不是多么讲究。至汉唐时代,人们开始了门窗的线条设计,是门窗艺术的发展时代,这个时期的门,主要是双扇板门或单扇板门(多为平民使用),窗主要采用直棂窗,也有横披窗新式类型,具有网纹、琐纹及球纹等窗棂。到宋代,人们开启了门窗的精致设计,据《洛阳伽蓝记》的记载,这个时期出现了格子门,门上已开始用门钉铺首和门环,门窗成为美化建筑的展示主体,追求精致秀丽。明清时期,门窗发展到集富贵、儒雅于一身,形成高、大、上的风格,具有丰富的文化内涵,雕工精美,给人极高的视觉享受。

民国时期,门窗材质产生了新的变化。1911年钢门窗开始传入中国,主要来自英国、比利时、日本,1925年我国开始小批量生产钢门窗。

20世纪70年代铝合金门窗传入我国,现已形成较为完整的铝合金门窗产品体系。新时代门窗的设计不但追求质量和美观,更注重环保、隔音等多种性能。

随着现代科学技术的发展,中国门窗产品被赋予"便捷高效、绿色人性"的新理念,门窗智能化成为新的发展趋势。

纵观中国门窗发展的历史,门窗承载了记忆,凝结了文化。在新材料、新技术的推动下,从材质到样式到性能都彻底地改头换面,演变为全新的、更适应现代生活的形式,并随着科学技术的发展,继续更新进步。

1.4.2 建筑幕墙的发展历史

人类有建筑的历史迄今至少上万年,远在6 000年前的古埃及文明时期,就有神庙、金字塔建筑,当时的建筑结构多以石材砌筑为主,懂得精雕技艺的埃及人把石材表面雕刻成华丽细腻的外表。那时的建筑结构与精致外表融为一体,结构与外表共生的建筑概念经历数千年的演化,借助科技的力量演变成结构与外表分开为相对独立体系的状态,各自使用不同的材料构成,以达到建筑美学与经济实用的目的,这种观念主导了近百年来的建筑发展,而建筑幕墙正是这个观念下的产物。

1.4.2.1 国外建筑幕墙的发展历史

1. 幕墙的起源(1750 年)

"建筑幕墙(Curtain Wall)"这个概念起源于 16 世纪中叶,当时是用来描述一种厚重的要塞建筑(图 1-3),这些建筑连在一起形成一道防御线,用来保护被其包围的中世纪村庄。最终,这条词汇由具备战场防御功能的建筑要塞逐渐转变为一个建筑物的外立面或建筑对于外界环境的"防御线",也就是现在建筑幕墙的含义。

2. 第一栋金属幕墙——核桃街剧院(1830 年)

在 19 世纪初期,新一轮的建筑革新运动逐渐开始,这一时期见证了各种新型建筑材料在建筑外墙上的应用,铸铁、铁、钢和玻璃等材料在桥梁、温室和铁路车站上的逐渐应用开辟了一个新的空间概念,拱廊变得更宽、外墙变得透明。

1830 年,在美国宾夕法尼亚州费城有一个叫约翰·哈维兰(John Haviland)的木匠,首次将铸铁板镶嵌在一栋两层高的建筑物上(图 1-4),他将铸铁镶嵌板漆染成石头的颜色,从外观上看,几乎可以以假乱真。John Haviland 可视为金属幕墙发展的鼻祖。而大约在同一时期,以铸铁作为建筑物的外表装饰物,也陆续在美国圣路易斯及新奥尔良等地出现,这些建筑象征着开始使用铸铁作为建筑物外墙装饰的新纪元,并影响了美国建筑界长达 50 年之久。

图 1-3 中世纪"幕墙"

图 1-4 美国费城核桃街剧院

3. 玻璃的大规模应用——英国皇家植物园(1840 年)

建筑师德西默斯·伯顿(Decimus Burton)于 1844—1848 年在英国皇家植物园内建造的名为棕榈屋(Palm House)的温室(图 1-5),为玻璃在早期建筑物围护结构上大面积应用的重要开端之一。在这个温室建筑中,玻璃被划分成小块,镶嵌于铸铁制成的穹顶支承框架之间,形成一个通体透明的玻璃宫殿,至今仍为英国皇家植物园内最著名的景点之一。

4. 近现代功能主义玻璃幕墙的雏形——英国世博会水晶宫(1851年)

1851 年 5 月 1 日,第一届世界博览会在英国伦敦的海德公园顺利开幕,其主展馆为英国园艺设计师约瑟夫·帕克斯顿(Joseph Paxton)模仿植物王莲叶脉的结构,创意设计的一座以钢铁和玻璃为主要元素的"水晶宫"(Crystal Palace,图 1-6)。整个建筑物由钢架支撑,屋顶、墙面等部分采用大块玻璃组装而成。"水晶宫"的成功不仅成就了世博会,也奠定了近现代功能主义建筑的雏形。1854 年,"水晶宫"迁至英国锡德汉姆,用于举办美术展览、音乐会等,并于 1936 年毁于大火之中。

图 1-5　英国皇家植物园棕榈屋

图 1-6　伦敦世博会水晶宫

5. 高层玻璃幕墙的开端——Reliance 大楼(1890 年)

1890 年,丹尼尔·伯纳姆(Daniel Burnham)和约翰·韦尔伯恩·鲁特(John Wellborn Root)设计的 Reliance 大楼(图 1-7)采用了大面积玻璃面板和陶土色的瓷砖作为其外立面装饰材料,大楼高 15 层,于 1894 年竣工,该大楼预示了 20 世纪将是高层建筑采用玻璃幕墙的一个重要时代。

6. 美国近代建筑幕墙史上第一栋玻璃幕墙建筑——哈里德大厦(1917 年)

1917 年,在美国旧金山市由 Willis Polk 设计的一栋 6 层的建筑物哈里德大厦(Hallidie,图 1-8),其外立面采用金属与玻璃的组合,大多数美国建筑史学者认为其为美国近代建筑幕墙史上第一栋玻璃幕墙建筑。该建筑迄今仍在使用,并成为旧金山市具有重要历史价值的建筑物地标之一。

图 1-7　Reliance 大楼　　　　　图 1-8　哈里德大厦

7. 第一栋全玻幕墙——包豪斯校舍实验工厂(1926 年)

20 世纪 20～30 年代,随着建筑材料和建筑科学技术的不断发展,特别是 19 世纪末叶以来出现的新材料、新技术得到完善充实并逐步推广应用,形成了 20 世纪一种最重要的建筑思潮和流派,即后来所谓的"现代主义建筑"。这时期出现了三位现代主义大师——沃尔特·格罗皮厄斯(Walter Gropius,1883—1969 年),勒·柯布西耶(Le Corbusier,1887—1965 年)和密斯·凡·德·罗(Mies van der Rohe,1886—1969 年)。其中瓦尔特·格罗皮乌斯著名的代表作品是包豪斯校舍实验工厂(Bauhaus,1926 年,图 1-9),这座四层厂房的二、三、四层有三面是全玻璃幕墙,玻璃墙面与实墙面形成虚与实、透明与不透明、轻薄与厚重等不同的视觉效果和建筑形象,成为后来多层和高层建筑采用全玻璃幕墙的先声。

图 1-9　包豪斯校舍实验工厂

8. 铝合金在高层幕墙中的首次应用——美国纽约帝国大厦(1929 年)

自从 1886 年铝金属精炼法发明后,铝的大量生产及价格下跌,使其从开始只是用于建筑物饰品逐渐成了建筑幕墙的主要建筑材料。1929年纽约知名建筑师 Shreve、Lamb 和 Harmon 率先使用 6 000 片铝板用于帝国大厦（图1-10）的幕墙，帝国大厦仅用四方的金属框架结构便支撑起一座102层的摩天大楼，它的出现既得益于建筑设计观念挣脱了古典装饰的羁绊，又得益于新的建筑材料被科学地运用。从此，用铝材料做建筑幕墙的结构设计逐渐风行，经过几十年的发展和进步，便形成了目前铝合金在现代建筑幕墙中的应用规模。

9. 双层幕墙的发展——德国 Steiff 工厂（1903年）

第一栋采用双层幕墙的建筑是位于德国 Giengen 的 Steiff 工厂（图1-11），该建筑是由该工厂所有者的儿子理查德·史戴夫（Richard Steiff）设计，并于1903年建造完成。考虑到对阳光的需求和寒冷天气以及强风的影响，Richard Steiff 设计的这座三层建筑采用 T 形截面的焊接钢结构作为支承框架，在框架上每一支柱固定两层夹板，玻璃安装在夹板之间，中间留有 25 cm 的空间，形成一种双层玻璃幕墙。1904年和1908年又有两栋相似的双层幕墙系统相继建成，但是在其结构中用木材取代了钢材，这三栋建筑目前还都在使用中。

图1-10 美国纽约帝国大厦

图1-11 德国 Giengen 的 Steiff 工厂

1903年，奥托·瓦格纳（Otto Wagner）赢得了奥地利维也纳邮政储蓄银行大厦的设计权，该建筑从1904年到1912年分两个阶段建设，在大厅的主要银行部分采用了双层天窗，由钢结构、玻璃和铝材组合的双层天窗占了该建筑的五分之三（图1-12）。在20世纪20年代，双层幕墙得到了较大程度的发展。在这期间，莫斯科建造了两栋具有代表性的双层幕墙建筑，金兹伯格（Moisei Ginzburg）设计的 Narkomfin 大楼（1928年）和勒·柯布西耶（Le Corbusier）设计的 Centrosoyus。一年后，勒·柯布西耶于法国巴黎设计了两栋采用双层幕墙的建筑物 Cite de Retuge（1929年）和 Immeuble Clarte（1930年），但最终在实际建造中均没有采用。

10. 第一个全玻高层幕墙——美国纽约利华大厦(1952年)

自20世纪50年代之后,现代主义建筑的玻璃幕墙蓬勃发展,使得玻璃幕墙建筑在20世纪中后期一度成为现代主义建筑的代名词。其实早在1921年,密斯·凡·德·罗在一个高层建筑设计竞标方案中就向人们首次展示了全新的高层建筑构想:将高层建筑的一切装裱全部剥去,只留下最基本的框架结构,外面覆盖纯净透明的玻璃幕墙。而第一个真正采用全玻璃幕墙的高层建筑是1952年Skidmore,Owings & Merrill事务所(SOM)设计的纽约利华大厦(Lever Building,图1-13),其外形酷似一个"玻璃盒子",开创了全玻璃幕墙的高层建筑先例,首次实现了密斯·凡·德·罗30年前提出的玻璃摩天楼的梦想。

图1-12 维也纳邮政储蓄银行

图1-13 美国纽约利华大厦

11. 单元式幕墙发展——美国Aloca大厦(1952年)

这一时期,国外高层建筑采用幕墙结构迅速增多,世界范围内建造了许多经典的高层幕墙建筑,如:1952年美国宾夕法尼亚州匹兹堡市建成的美国铝业公司大厦(Alcoa Building)(图1-14),它是早期单元式幕墙的代表作。

在20世纪70年代以后,为解决工地建筑工人短缺、施工质量不易控制等问题,"单元式幕墙"(Unitized Curtain Wall)系统于20世纪70年代中期在美国开始出现,并逐渐得到流

图1-14 美国Aloca大厦

行,成为该时代超高层建筑幕墙的主流。其特点是把建筑幕墙组合规格化,做成适合安装的幕墙单元,然后直接把单元固定于建筑主体结构系统上,构成整个幕墙系统。

12. 点支式玻璃幕墙发展——Willis Faber & Dumas 总部(1952 年)

点支式玻璃幕墙最早可以追溯到德国于 20 世纪 50 年代所建的两个采用高抗拉强度的玻璃与经过特别设计的爪件连接而成的幕墙建筑;到 20 世纪 60~70 年代,英国的玻璃厂家皮尔金顿(Pilkington)首先开发了两种建筑玻璃点式连接法——补丁式装配体系(Patch Fitting System)和平式装配体系(Plain Fitting System),1986 年又发展了球铰连接装配体系,这些体系就是普遍使用的固定式(活动式)浮头(沉头)连接件。期间,由诺曼·福斯特(Norman Foster)设计的 Willis Faber and Dumas Headquarters(建于 1971—1975 年,图 1-15)就采用了补丁式连接的玻璃幕墙;1986 年,法国建筑师安德里·范西贝(Adrien Fainsilber)在纪念法国大革命 200 周年的十大建筑物之一——拉·维莱特科学与工业城(Cité des Sciences et de L'industrie, la Villette)(图 1-16)的立面图设计中,大胆应用了点支式玻璃幕墙技术,每两行玻璃交接处有一水平索桁架作为玻璃面板的水平支承,两端固定于主体框架上。

图 1-15　Willis Faber and Dumas 总部　　图 1-16　法国拉·维莱特科学与工业城

点支式玻璃幕墙建筑结构形式,随着现代建筑师追求"高通透、大视野"的建筑艺术表现,在我国也得到了迅猛的发展,是目前应用最为广泛的幕墙系统之一。

13. 新一代建筑幕墙

随着人们对居住环境需求的不断提高,各种新型的建筑材料、设计理念和生产施工工艺在建筑幕墙的生产加工过程中得到了广泛的应用,从而使得幕墙系统得到了持续的完善和发展,并不断创新。这一时期出现的许多新型的幕墙系统更强调人与自然的交互作用,对能源的利用更加趋于合理化。

这一时期各种"通风式幕墙"(Ventilated Curtain Wall)、"主动式幕墙"(Active Curtain Wall)、"光电幕墙"(Photoelectricity Curtain Wall)、"光伏幕墙"(BIPV Curtain Wall)及"生态幕墙"(Zoology Curtain Wall)系统等得到了发展和应用。"通风式双层幕墙"(Ventilated Double-Skin Façades)结合先进的遮阳系统,在很大程度上提高了建筑的隔热和保温效果,大大提高了室内环境的舒适度(图 1-17);各种主动式交互幕墙系统逐渐被开发并得到试验性的应用,这些幕墙系统能最大限度地利用太阳能,把建筑幕墙吸收的太阳能有效地储存、转化为热能,降低了建筑的能耗;光电幕墙可以把太阳能转化为电能,从而可以进行转化利用(图 1-18);生态幕墙是生态建筑的外围护结构,它以"可持续发展"为战略,以使用高新技术为先导,以生物气候缓冲层为重点,节约资源,减少污染,是一种健康舒适的生态建筑外围护结构,光伏幕墙如图 1-19 所示。

图 1-17　通风式双层幕墙　　　图 1-18　光电幕墙　　　图 1-19　光伏幕墙

随着科技的不断发展,特别是新技术、新工艺、新材料的创新和开发利用,未来的建筑幕墙将具有节能环保、可靠耐用、健康舒适及智能化等特点。

1.4.2.2　国内建筑幕墙的发展历史

我国建筑幕墙从 1978 年开始起步,1983 年建成了第一座采用玻璃幕墙的酒店——北京长城饭店。经过近 30 年发展,特别是 20 世纪 90 年代的高速发展,到 21 世纪初,我国已发展成为世界第一幕墙生产大国和使用大国。

21 世纪初的 15 年(2001—2015 年)我国建筑幕墙继续迅猛发展,而且近 5 年来,我国每年在国外幕墙市场的产值约 300 亿～400 亿人民币,并以 15% 递增率在增长。

在建筑幕墙大发展的同时,相关产业如玻璃、硅酮密封胶、铝合金建筑型材等也在同步发展,不仅满足了建筑幕墙的需要(即建筑幕墙的大部分材料由国内生产、提供,仅小部分进口),而且这些行业的产品质量与世界先进水平相近,有些甚至超过了世界先进水平。

我国的建筑幕墙工业经历了四个发展阶段:

1. 萌芽期(1983—1994年)

1983年我国开始兴建第一栋现代化的玻璃幕墙建筑,到1994年大量建筑幕墙在我国得到了应用。这段时期,我国平均每年的幕墙产量约200万m^2,主要是构件式明框玻璃幕墙,且大多是原版引进或模仿国外的设计和技术,没有适合我国国情的标准和规范,技术水平较低,施工质量不高。

2. 成长期(1995—2002年)

从1995年到2002年,我国建筑幕墙的平均年产量达到了800万m^2,除了较为成熟的明框玻璃幕墙外,还引进和发展了隐框、半隐框玻璃幕墙,单元式玻璃幕墙,点支式玻璃幕墙等。

这段时期在引进国外先进技术的同时,开始逐步结合我国国情走向技术创新的道路。随着我国玻璃幕墙相关标准和技术规范、规程的相继颁布,玻璃幕墙的设计水平与施工质量有了很大程度的提高。

建设部1994年的776号文件中明确规定了建筑设计院和幕墙公司的分工,即:建筑设计单位负责选型、提出设计要求,幕墙的设计、制作与施工一般是由幕墙公司负责完成。建设部于1996年12月3日公布《建筑幕墙工程施工企业资质等级标准》,规范了建筑幕墙行业市场。同时,各级行业协会的成立也为推动建筑幕墙行业的发展和技术进步发挥了重要的作用。

我国建筑幕墙行业虽然起步较晚,但起点较高。20年来,始终坚持走"用先进技术改造传统产业"的发展道路。通过技术创新开拓市场,通过引进国外先进技术,不断地开发新产品,形成了优化产业结构、可持续发展的技术创新机制。

针对工程建设的关键技术,组织科研试验和技术攻关,运用国际同行业最新的前沿技术,建成了一批在国内外同行业中有影响的大型建筑工程,取得了一系列重大成果,受到国内外同行业人士的重视和好评。

在国家改革开放政策的推动下,我国建筑幕墙行业从引进国外先进技术起步,逐步缩小了与国际先进水平的差距。20世纪80年代,引进了一批铝门窗、幕墙专用加工设备和生产技术,这期间行业是以增量发展为主题。20世纪90年代,以引进建筑幕墙的先进生产技术和新型成套设备为主,相应地引进了国外最新的工程材料及工艺技术,既缩小了与国际先进水平的差距,又掌握了国外前沿技术,这个时期,行业是以学习国外先进技术、独立开发具有中国特色产品的动态发展为主题。

3. 发展期(2003—2015年)

从2003年到2015年,我国建筑幕墙行业继续保持了稳步的增长态势,这十几年给我国建筑幕墙行业带来了前所未有的机遇,2008年奥运会、2010年上海世博会和广州亚运会等需要大量的体育馆及配套设施,为世界优秀的幕墙公司提供了一个展示自身实力和最新技术的舞台,各种幕墙工程成为这个时代的亮点。

这一时期,建筑幕墙的年平均产量为5 000万 m^2 以上,除了现有的明框玻璃幕墙、隐框及半隐框玻璃幕墙、单元式玻璃幕墙、点支式玻璃幕墙等幕墙系统逐渐发展和成熟之外,具有高科技含量的先进幕墙逐渐出现并得到应用,比如通风式双层玻璃幕墙、光电幕墙、生态幕墙等幕墙系统。

4. 波动期(2016年至今)

幕墙行业在2016年经历了第一次整体性的政策和市场波动,大量企业减产。从国家提出供给侧改革以来,房地产行业的去库存,使得建筑幕墙行业的去产能成为主基调。2017年下半年至今,两极分化更加明显,大型幕墙公司因为市政工程,包括新机场、展馆、体育场馆、全球500强企业总部等超大体量幕墙项目的参与,规模和产值提升明显。

未来,技术创新、科技进步将大大推动我国建筑幕墙工程市场的发展,从而加速建筑幕墙质量的升级;新型适销对路产品的开发,将进一步拓宽市场空间。开发研制符合国家玻璃幕墙节能政策和建设产业化政策的新型幕墙系统是今后的主要发展方向,也是我国建筑幕墙走向可持续发展道路的基本条件。

1.5　铁路站房门窗幕墙的发展历史

铁路站房的建设与国家的经济、文化密切相关,随着国民经济的快速发展和科学技术的日新月异,我国铁路站房在设计和规模上发生了巨大的变化。如今的铁路站房也成了时代发展的标志,其门窗幕墙的发展历程也体现出当时社会环境的典型特征。

1.5.1　新中国成立前的铁路站房代表

新中国成立前,我国的铁路站房多由国外的建筑师设计,外观则具有西方各国的特色,多以钟楼、坡屋顶、穹顶作为主要特征,外立面门窗以普通门窗为主。此时期的站房规模小、内部使用功能简单,典型代表有京汉火车站和旅顺火车站。

京汉火车站是中国第一条长距离准轨铁路的大型火车站,是当时最具代表性的铁路建筑。建筑外观为法式风格,建筑结构为钢筋混凝土结构,外立面采用了窗式结构,如图1-20所示。

图1-20　京汉火车站

旅顺火车站是一座具有鲜明俄罗斯特色的铁路站房,候车室主建筑顶部正中为俄罗斯风格铁皮鱼鳞瓦塔楼。建筑外观别致鲜明,建筑结构为砖木结构,外立面采用了窗式结构,如图1-21所示。

图1-21　旅顺火车站

1.5.2　新中国成立初期的铁路站房

新中国成立初期,我国铁路站房的建设相对于经济发展普遍滞后,尽管客流量增大和经济初步得到发展,但因受三年困难时期的影响,铁路站房的建设以减少资金投入为核心。

此时期铁路站房的外观和造型具有传统中国建筑的特色,部分大型站房也添加了新颖的技术元素。多以民族文化作为主要特征,外立面以大面积门窗为主。此时期的站房规模较大、内部使用功能有所增加。北京火车站是一座代表着当时中国站房建设最高水平的铁路站房,其规模宏大、结构新颖、建筑造型具有传统民族特色。建筑外观采用琉璃瓦屋顶、花式大面玻璃窗、浅米色面砖,如图 1-22 所示。

图 1-22　北京火车站

1.5.3　20 世纪 60～70 年代的铁路站房

此时期的铁路站房建设发展停滞不前,除为数不多的新建站房外,大部分的铁路站房只经过修修补补或加建临时建筑。这时期新建的铁路站房外观造型简明庄重,使用功能比较齐全。典型的代表有长沙火车站和南京火车站。

长沙火车站的设计主要是"方盒子"主楼＋钟楼＋火炬。同时,长沙站站房结构采用了一些新的结构形式,屋面板采用大型预应力结构,外立面也采用了大型窗式结构,如图 1-23 所示。图 1-24 显示了南京火车站外立面宽大的窗式结构。

图 1-23　长沙火车站

第 1 章　门窗幕墙概述及其发展状况

图 1-24　南京火车站

1.5.4　改革开放初期的铁路站房

随着国家经济建设重心的转移,全国掀起了大型、特大型铁路站房建设的浪潮。此时期的建筑设计受到改革开放的影响,融合了国外先进技术和中国传统文化,广泛采用了新技术、新材料、新工艺、新结构形式,比如将立面上传统的大面积门窗改成玻璃幕墙。

北京西站是当时亚洲规模最大的现代化铁路客运站之一,站房的设计采用了民族传统建筑形式,同时借鉴国外车站使用玻璃的做法,也设计了玻璃大雨棚、玻璃采光棚及玻璃幕墙。新技术使得过去昏暗压抑的车站变得明亮通透,如图 1-25 所示。

图 1-25　北京西站

为了增加站房的通透性及美观性,此时部分站房也将传统的窗式结构改造成玻璃幕墙结构形式,典型的有上海火车站。1987 年底建成的上海站,其外立面采用了框架柱结构的茶色明框玻璃幕墙,屋顶及檐口则采用咖啡色铝板包裹钢结构桁架。随着上海站商圈"不夜城"的定位和发展,上海站的外立面玻璃幕墙经过了彻底的改造,在保持原有的高大空间前提下,增加了 14 m 进深、12 m 开间的钢结构骨架,并采用了通透清澈的玻璃面板,一扫以往室内空间昏暗的体验,如图 1-26、图 1-27 所示。

图 1-26　初始建成的上海站

图 1-27　改造后的上海站

1.5.5　21 世纪以来的铁路站房

新世纪的铁路站房建设坚持"以人为本"的原则,设计时综合考虑了功能性、系统性、先进性、文化性和经济性,并结合了地区文化特色。建筑造型在新结构、新材料的基础上,采用了曲线、弧面的动感设计;屋面结构在新型结构和工艺的基础上,变得跨度更大、功能更多、形式更多样。长沙南站的站房造型设计结合了潇湘的文化特色,山峦起伏,水波纵横,如图 1-28 所示。

第1章 门窗幕墙概述及其发展状况

图 1-28　长沙南站

　　昆明南站的站房设计结合了云南独有的地域文化特点,以"雀舞春城,美丽绽放"为主题。主立面由八片扇形盛开的孔雀羽毛构成,宛如美丽的孔雀在跳动独特的七彩云南之舞,如图 1-29 所示。

图 1-29　昆明南站

1.6　门窗幕墙研究现状

　　建筑幕墙是随着高层建筑的不断发展而发展起来的,幕墙在国际上已经有了上百年的发展历史,在第二次世界大战后,世界上许多军事技术和材料转移到建筑工业上来,开发和利用了许多建筑幕墙的新理论、新材料和新工艺,从而使幕墙有了飞速的发展。国外学者们对幕墙的原理、结构、工艺等方面进行了大量的研究。

1.6.1 国外幕墙的研究状况

国外对建筑幕墙的研究相对全面成熟,处于领先地位。

米歇尔·维金顿(Michael Wigginton)所著 *Glass in Architecture*(《建筑玻璃》)和史蒂西、施塔伊贝等所著的 *Glass Construction Manual*(《玻璃结构手册》)更类似一本完整的技术手册,不仅深入透彻地研究玻璃材料的各项性能及相关技术,同时辅以典型实例作为补充说明,为国内进行玻璃幕墙的研究提供了宝贵的参考价值。*Cultures of Glass Architecture*(《玻璃建筑文化》)则从玻璃在建筑中应用的各个非物质性层面试图去解读玻璃建筑。帕特里克·洛克伦所著《坠落的玻璃——玻璃幕墙在当代建筑中的问题与解决方案》总结了多年来对建筑围护结构问题研究的成果。此外,国外对玻璃幕墙的研究绝不仅仅停留于技术和表现的探讨层面,也充分关注玻璃幕墙发展的最新动态与成果,某些出版物将国际前沿、创新性应用等大量玻璃幕墙实例呈现于读者面前,比如 *Great Glass Buildings*(《大型玻璃幕墙建筑设计》)、*Clear Glass:Creating New Perspectives*(《玻璃幕墙:创意新视野》)等。

1.6.2 国内幕墙研究现状

近年来,建筑幕墙在国内得到了广泛的应用,而应用初期我国基本停留在"拿来主义"的层面,缺乏相应的行业技术标准。1996年,我国建设部首次发布了《玻璃幕墙工程技术规范》(JGJ 102—1996)作为玻璃幕墙行业强制执行的技术标准,2003年在此基础上修订成第二版《玻璃幕墙工程技术规范》(JGJ 102—2003)。

随着行业规范的实行与玻璃幕墙的普及,国内开始出版一些研究玻璃幕墙的相关书籍,主要集中于从工程施工的角度编写的一类技术手册,如1997年出版的《玻璃工程施工技术》(张方著)。而对玻璃幕墙进行系统论述的相关专著性书籍则相对滞后,仍以翻译为主,主要以白宝鲲、厉敏、赵波翻译的《玻璃结构手册》和李冠钦翻译的《建筑玻璃》为代表。

随着材料在建筑领域中的研究日益受到重视,国内陆续出现一些以研究建筑材料为主的出版物,其中包括对玻璃材料的研究,比如《建筑设计的材料语言》(褚智勇著)一书中,阐述了玻璃及玻璃类幕墙的基本特征和应用;受到东南大学预研基金资助的《日本现代空间与材料表现》(王静著)一书中,则从材料的角度出发,对玻璃在日本建筑中的应用表现进行了基本的探讨论述。

为了适应建筑门窗和幕墙行业的发展,建设部和国家质检总局先后颁发了多项标准和规范,这对建筑幕墙行业的健康发展起到了规范和指导作用。1994年9月24日,国家技术监督局发布了《建筑幕墙物理性能分级》(GB/T 15225—1994)标准和相关的检测方法标准；1996年7月30日，建设部发布了《建筑幕墙》(JG 3035—1996)行业标准，该标准规定了建筑幕墙的分类、技术要求、试验方法和检测规则等内容，适用于玻璃幕墙和金属幕墙等幕墙类型；2000年和2001年又分别颁布了《建筑幕墙平面内变形性能检测方法》(GB/T 18250—2000)和《建筑幕墙抗震性能振动台试验方法》(GB/T 18575—2001)两项国家检测标准，为建筑幕墙的实验室性能检测提供了更全面、更科学的参考依据。同年，中国工程建设标准化协会发布了《点支式玻璃幕墙工程技术规程》(CECS 127—2001)。2001年12月发布的《玻璃幕墙工程质量检验标准》(JGJ/T 139—2001)，规定了玻璃工程主要进场材料的检验指标以及玻璃幕墙工程安装质量检验方法等项目。2005年9月，《既有建筑幕墙可靠性鉴定及加固规程》编制组成立，标志着我国开始重视既有建筑幕墙的质量和安全性能；同年《公共建筑节能设计标准》(GB 50189—2005)的正式实施，也说明为降低建筑能耗、实现建筑的可持续发展，建筑幕墙开始承担更多的责任，开发节能环保的幕墙系统也标志着我国建筑幕墙行业逐渐走向一条技术创新的道路。目前，我国逐渐形成了适合于中国国情的建筑幕墙标准体系。

1.7 既有幕墙安全管理与维护

由于近年来建筑幕墙的安全事故频发，建筑幕墙的安全性能受到了工程界的重视，建筑幕墙的安全性能评估方法和理论日益成为研究的热点，国内外专家学者近年来做了大量的研究工作。

方东平等总结了国内外多年来幕墙面临的安全问题及有关责任，对当前幕墙的安全及耐久性的检查和评估方法提出了一些建议。张元发和陆津龙采用现场检测评估技术，对既有幕墙进行工程检测分析，综合评价幕墙的安全性能及结构胶、玻璃对建筑物的影响，建立了一套有效的、对既有玻璃幕墙安全性能现场检测评估的综合技术。刘小根、包亦望团队等通过模态分析验证了采用固有频率评价幕墙框架松动程度的可行性。刘小根等在"玻璃幕墙在线性能和可靠性检测技术""玻璃幕墙安全检测技术"等课题研究的基础上，提出了一系列预测玻璃脱落和钢化玻璃自爆的检测技术。

1994年，建设部发布《关于确保玻璃幕墙质量与安全的通知》(建设〔1994〕776号)，规定各地建设行政主管部门要在1995年上半年内，组织一次对本地玻璃幕墙工程项目的质量全面检查，并出具检验报告，对不符合本通知精神的工程项目要严令其改正，对已造成质量与安全事故的工程项目要采取围护、补救等措施，甚至重新安装。对已造成质量事故者要追究有关单位的责任。

1997年，建设部发布《加强建筑幕墙工程管理的暂行规定》（建〔1997〕167号），规定建设项目法人对已交付使用的玻璃幕墙的安全使用和维护负有主要责任，按国家现行标准的规定，定期进行保养，至少每五年进行一次质量安全性检测。

　　2003年，建设部、国家质检总局等四部委发布《建筑安全玻璃管理规定》，要求定期加强玻璃幕墙安全检测与评估。同年，修订后的《玻璃幕墙工程技术规范》（JGJ 102—2003）规定，在幕墙工程竣工验收后一年时，应对幕墙工程进行一次全面的检查，以后每五年应检查一次；幕墙工程使用十年后应对该工程不同部位的硅酮结构密封胶进行粘接性能的抽样检查；此后每三年宜检查一次。

　　2006、2012、2015年住房和城乡建设部又多次发出通知，明确细化建筑幕墙安全性鉴定的需求，并给出了安全性鉴定的进行程序，规定了对既有玻璃幕墙的排查范围、内容、方式和步骤及相关要求，明确了既有玻璃幕墙安全维护责任人。

　　2005年，上海市首次制定并颁布了《玻璃幕墙安全性能检测评估技术规程（试行）》，并于2013年进行了修订，对现有的玻璃幕墙安全方面的功能评估做了多方面的研究，并对玻璃幕墙的各项性能给出了标准的检测方法。四川、福建、浙江、陕西等省及广州、深圳、西安、宁波等市也陆续颁布了有关既有幕墙安全管理的法律法规及技术规程。

第 2 章　幕墙主要结构形式及分类

2.1　建筑幕墙主要结构形式与分类

根据《玻璃幕墙工程技术规范》(JGJ 102—2003)、《金属与石材幕墙工程技术规范》(JGJ 133—2001)以及《建筑幕墙》(GB/T 21086—2007)的有关规定，建筑幕墙主要分为以下几类：

1. 按镶嵌材料不同可以分为玻璃幕墙、金属板幕墙、石材幕墙和组合幕墙；
2. 按层数不同可分为单层幕墙和双层幕墙；
3. 按框支承幕墙安装施工方法可分为构件式幕墙和单元式幕墙；
4. 按框架材料的构造可分为铝合金挤出型材明框幕墙、铝合金挤出型材半隐框幕墙、铝合金挤出型材隐框幕墙、金属板轧制型材明框幕墙、金属板轧制型材半隐框幕墙、金属板轧制型材隐框幕墙；
5. 按幕墙玻璃面板的支承形式可分为框支承幕墙、全玻璃幕墙、点支承幕墙；
6. 按照幕墙自身平面和水平面的夹角大小可以分为垂直玻璃幕墙、斜玻璃幕墙和玻璃采光顶等。

2.1.1　玻璃幕墙

玻璃幕墙按照主要支承结构形式可以分为构件式、单元式、点支式、全玻式、双层式，其分类如图 2-1 所示。

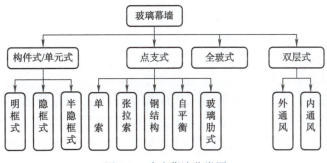

图 2-1　玻璃幕墙分类图

2.1.1.1 构件式玻璃幕墙

构件式玻璃幕墙,是应用广泛的一种幕墙结构形式。

将构件式幕墙的立柱(或横梁)先安装在建筑主体结构上之后,再安装横梁(或立柱),立柱和横梁组成框格,玻璃面板在工厂内加工成单元组件,再固定在立柱和横梁组成的框格上。玻璃单元组件所承受的荷载要通过立柱(或横梁)传递给主体结构。图 2-2 为构件式玻璃幕墙的结构形式,图 2-3 为构件式玻璃幕墙的现场施工照片。

图 2-2 构件式玻璃幕墙的结构形式

图 2-3 构件式玻璃幕墙的施工照片

构件式幕墙主要有如下特点:

1. 施工手段灵活,工艺成熟,是目前采用较多的幕墙结构形式;
2. 主体结构适应能力强,安装顺序基本不受主体结构影响;
3. 采用密封胶进行材料密封,水密性、气密性好,具有较好的保温、隔声降噪能力,具有一定的抗层间位移能力;
4. 面板材料单元组件工厂制作,结构胶使用性能有保证。

构件式玻璃幕墙与单元式玻璃幕墙可分为以下三种:

1. 明框式:金属框架的构件显露于面板外表面,如图 2-4 所示;
2. 隐框式:金属框架的构件完全不显露于面板外表面,如图 2-5 所示;
3. 半隐框式:金属框架的竖向或横向构件显露于面板外表面,如图 2-6 所示。

图 2-4　明框式结构　　　　图 2-5　隐框式结构　　　　图 2-6　半隐框式结构

浙江省丽水站就采用了明框式玻璃幕墙，如图 2-7 所示。

图 2-7　丽水站明框式玻璃幕墙外效果

而广东省的惠州北站则采用了半明半隐框式玻璃幕墙，如图 2-8 所示。

图 2-8　半明半隐框式玻璃幕墙照片

构件式幕墙的安装过程如图 2-9 所示。

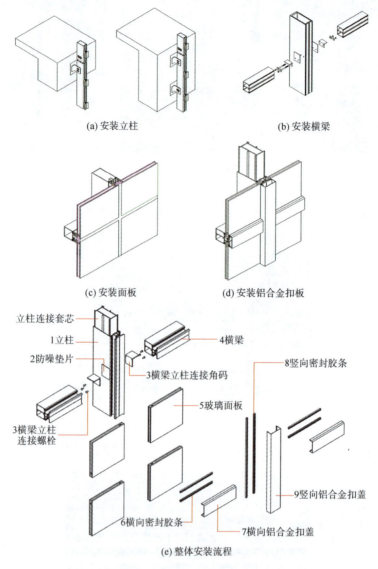

(a) 安装立柱　　　　　　　　(b) 安装横梁

(c) 安装面板　　　　　　　　(d) 安装铝合金扣板

(e) 整体安装流程

图 2-9　构件式玻璃幕墙安装工序

2.1.1.2　单元式玻璃幕墙

单元式幕墙,以其工厂化的组装生产、高标准化的技术、大量节约施工时间等综合优势,成为建筑幕墙领域最具普及价值和发展优势的幕墙形式。单元式幕墙是技术最为成熟、应用最为广泛的幕墙形式。典型单元式玻璃幕墙构造如图 2-10 所示,图 2-11 为单元式玻璃幕墙施工现场照片。

 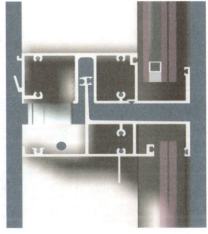

图 2-10　单元式玻璃幕墙构造

图 2-11　单元式玻璃幕墙现场施工照片

单元式幕墙主要有如下特点:

1. 工业化生产,组装精度高,有效控制工程施工周期,经济效益和社会效益明显;

2. 单元之间采用结构密封,适应主体结构位移能力强,适用于超高层建筑和钢结构高层建筑;

3. 不需要在现场填注密封胶,不受天气对打胶的影响;

4. 具有优良的气密性、水密性、风压变形及平面变形能力,可达到较高的环保节能要求。

2.1.1.3 点支式玻璃幕墙

由玻璃面板、点支承装置、支承结构构成的玻璃幕墙称为点支式玻璃幕墙。主要分为预应力索桁架点支式玻璃幕墙体系、钢桁架点支式玻璃幕墙体系、自平衡点支式玻璃幕墙体系、预应力单索点支式玻璃幕墙体系、玻璃肋支承点支式玻璃幕墙体系等。图 2-12 为典型的点支式玻璃幕墙。

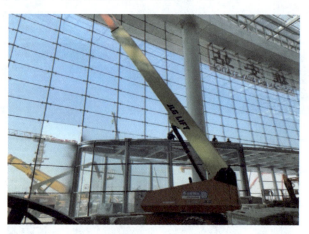

图 2-12 淮安站点支式玻璃幕墙

点支式幕墙主要有如下特点:

1. 支承结构形式多样,可满足不同建筑师及工程业主对建筑结构与外立面效果的需求;

2. 结构稳固美观,构件精巧实用,可实现金属结构与玻璃的通透性能融为一体,建筑内外空间和谐统一;

3. 玻璃与驳接爪件采用球铰连接,具有较强的吸收变形能力。

2.1.1.4 全玻式玻璃幕墙

全玻幕墙是一种全透明、全视野的玻璃幕墙,利用玻璃的透明性,追求建筑物内外空间的流通和融合,使人们可以透过玻璃清楚地看到玻璃幕墙的整个结构系统,使结构系统由单纯的支承作用转向表现其可见性,从而表现出建筑装饰的艺术感、层次感和立体感。其对于丰富建筑造型立面效果的功效是其他材料无可比拟的,是现代科技在建筑装饰上的体现。图 2-13 为典型的全玻幕墙结构及安装示意图。

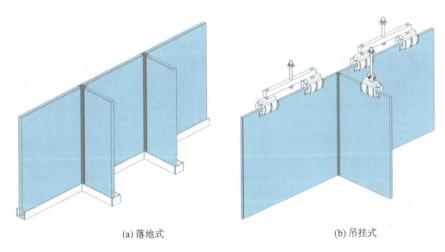

(a) 落地式　　　　　　　　　(b) 吊挂式

图 2-13　全玻式玻璃幕墙结构及安装示意图

全玻幕墙主要有如下特点：
重量轻、选材简单、加工工厂化、施工快捷、维护维修方便、易于清洗等。

2.1.1.5　智能呼吸式玻璃幕墙（双层式幕墙）

呼吸式幕墙是建筑的"双层绿色外套"，又称双层幕墙。幕墙双层结构有显著的隔音效果，结构的特质也赋予了建筑以"呼吸效应"。居住者能够体验到真正的冬暖夏凉，减少极端环境带来的不适；建筑本体的主动效能极大减少了能源消耗。采用双层幕墙系统可以降低建筑综合用能源消耗的 30%～50%。

呼吸式幕墙系统由内外两道幕墙组成，内幕墙一般采用明框幕墙、活动窗，或开有检修门；外幕墙采用有框幕墙或点支承玻璃幕墙。内外幕墙之间形成一个相对封闭的空间，大大提高了幕墙的保温、隔热、隔声功能。

智能幕墙是呼吸式幕墙的延伸，是在智能化建筑的基础上对建筑配套技术（暖、热、光、电）的适度控制，将幕墙材料、太阳能的有效利用，通过计算机网络有效地调节室内空气、温度和光线，从而节省了建筑物使用过程的能源，降低了生产和建筑物使用过程的费用。智能幕墙包括以下几个部分：呼吸式幕墙、通风系统、遮阳系统、空调系统、环境监测系统、智能化控制系统等。智能呼吸式幕墙的关键在于智能控制系统，是从功能要求到控制模式、从信息采集到执行指令传动机构的全过程控制系统。它涉及气候、温度、湿度、空气新鲜度、照度的测量、取暖、通风空调遮阳等机构运行状态的信息采集及控制，电力系统的配置及控制，楼宇计算机控制等多方面因素。图 2-14 为智能呼吸式玻璃幕墙构造示意图。

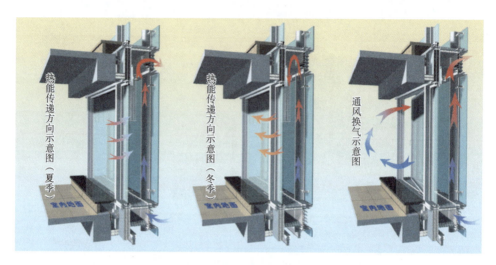

图 2-14　智能呼吸式玻璃幕墙构造示意图

2.1.2　石材幕墙

天然石材系指在自然岩石中开采所得的石材,它是人类历史上应用最早的建筑材料之一。由于大部分天然石材具有强度高、耐久性好、蕴藏量丰富、易于开采加工等特点,因此它为各个时期的人们所青睐,常被作为墙体、地面、屋顶、建筑构件、雕塑材料使用。欧洲许多以石材为主要建筑材料的优秀建筑经受了千百年来的风吹雨淋,至今依然屹立于世,我们最为熟悉的古埃及金字塔、方尖碑、古希腊雅典卫城等都是石材建筑的代表作。

石材幕墙用的天然石材有天然花岗岩建筑板材、天然大理岩建筑板材和天然凝灰岩(砂岩)建筑板材等。《金属与石材幕墙工程技术规范》(JGJ 133—2001)对花岗岩石材幕墙作出了规定"宜使用火成岩",未涉及非花岗岩类石材(如砂岩、大理岩、石灰岩、凝灰岩等)。然而,非花岗岩石材幕墙在欧洲广泛应用,北美的超高层建筑中采用石灰岩、大理岩板材的也相当多,不少建筑使用高度还超过了200 m。

近年来,我国一些工程中,建筑师要求采用非花岗岩类石材以满足建筑艺术的要求也逐渐增多,例如,深圳文化中心(凝灰岩)、东莞市行政大厦(黄褐色砂岩)、中国银行北京总行(黄灰色大理岩)、广州广东发展大厦(绿色砂岩)、北京金融街建筑群(米黄色砂岩)、金殿大厦(米黄色洞石)等。

按照主要支承结构形式可以分为湿贴式石材幕墙和干挂式石材幕墙。因湿贴式石材幕墙存在安全隐患,目前已被淘汰。

2.1.2.1 湿贴式石材幕墙

湿贴是早期石材外墙的做法,典型的工程实例有北京天安门广场东侧的中国国家博物馆老馆,它的部分外立面是由湿法施工的石材外墙构成。所谓湿法施工,就是用铜丝将石材板块连接到土建主体结构上再灌入水泥砂浆的施工方法,这种结构形式有很多不足之处,主要有如下几点:

(1)石材板块往往为了实现其造型的凸凹形式而变得非常厚重,板块太重,给运输及施工带来不便;

(2)石材板块厚而重,非常浪费石材原料;

(3)石材一旦破损,更换非常不便;

(4)石材的支撑结构形式无法力学量化,不便于力学计算,一般都是凭经验施工;

(5)湿贴式施工质量不太好把控,水泥砂浆易存在空鼓、界面脱粘等病害,造成日后石材板块整体脱落风险。目前,湿贴式石材幕墙已经被干挂式石材幕墙所替代。

2.1.2.2 干挂式石材幕墙

一般的干挂石材幕墙板块通常厚度为 25~35 mm 之间,通过专用的连接构件固定到龙骨上。

干挂结构有如下优点:

(1)石材板块较薄,重量较轻,运输及施工较为方便;

(2)石材板块薄而规整,加工时节省石材原料;

(3)石材破损后,可以根据石材的连接形式方便更换而不影响到周围的石材;

(4)石材与连接件之间的连接、连接件与龙骨之间的连接都是较为简单的力学结构;

(5)计算依据充分,为设计及施工带来有力依据,且连接可靠安全。

河源北站出站口干挂石材幕墙照片如图 2-15 所示。

干挂式石材幕墙按挂接方式分为钢销式、短槽式、通槽式及背栓式,如图 2-16 所示。

1. 钢销式结构形式

该结构形式是利用销针和垫板通过板材边沿开孔连接,结构示意图如图 2-17 所示。此种干挂件及方法于 20 世纪 80 年代中期从国外引进,为国内石材干挂系统奠定了基础。石材靠销针受力支承,在销孔处应力比较集中。据已建工程反映,在应力集中处石材局部有裂碎现象,在操作中费工、费时、费料等,现已逐渐被其他结构形式代替。

图 2-15　河源北站出站口干挂石材幕墙照片

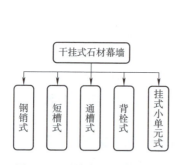

图 2-16　干挂式石材幕墙分类

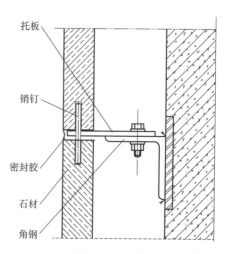

图 2-17　钢销式石材幕墙结构示意图

2. 短槽不锈钢托板结构形式

这种结构是一种比较成熟、常用的石材幕墙结构,因其具有较好的经济性而被广泛采用。石材安装采用在石材上开槽的方式,用不锈钢托板实现石材的定位,以达到定位安装之目的,其结构示意图如图 2-18 所示。

石材端面开槽可在工厂内加工完毕,托板与槽口间塞胶垫,并施环氧树脂胶,以满足强度和弹性要求。由于石材重量完全由托板承受,故选用不锈钢材质,以提高其长时间的抗锈性能,从而保证结构的长久性、安全性,使结构寿命满足整个

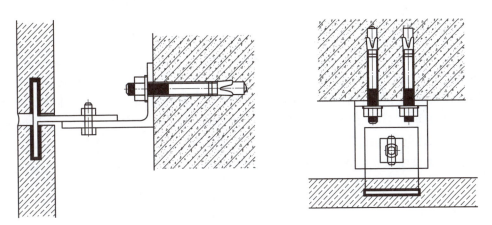

图 2-18　短槽不锈钢托板石材幕墙结构示意图

外墙装饰的使用年限,乃至整个建筑的使用年限要求。

这种结构也有其本身的局限性,即板块更换较为困难,且边缘采用硅胶密封,容易产生对石材板块的垂流和渗透污染;由于结构的托板距石材外表面边缘较近,因此在打胶时容易产生胶缝不平整现象,外视效果不易保证;另外该结构在现场安装精度不易控制,这也是短槽托板式结构普遍存在的另一个缺点。

3. 通长槽铝合金托板结构形式

该结构同样是一种成熟的石材幕墙结构,由于其托板通长,因此选用铝合金型材作为托板材料比较多,这种结构的优点就是石材板块是对边支撑受力模型,较短槽的四点支撑石材板块受力模型更牢固,适合用在比较大的石材分格上,但是其缺点是石材需要开通长的槽口,加工精度要求较高,而且由于其石材加工复杂及托板型材用量大,因此较短槽结构价格略贵。

4. 背栓连接结构形式

此结构属石材干挂技术第三代产品,是目前世界上较先进的技术,也是国内石材幕墙技术发展的方向,其特点是实现了石材的无应力加工,石材背面采用不锈钢胀栓连接,连接强度高,节省强度值约30%左右,板块抗变形能力强,且板块破损后可实现更换要求,并可实现不同接缝的处理,其结构示意图如图 2-19 所示。

背栓式龙骨之间、龙骨与转接件及挂件之间的连接均采用螺接方式,最大限度减少现场焊接工作量,在提高安装速度的同时,使各处连接点的受力更加合理,满足了结构的伸缩变形。若采用深缝打胶设计,还可避免石材污染现象发生。其不足之处是横龙骨不可以实现"一托二",因此较前三种结构多近一倍横龙骨,造成其造价通常较其他结构略贵。

5. 挂式小单元结构形式

小单元石材幕墙系统，是在传统石材幕墙基础上推出一种结构较先进的石材幕墙结构，它是采用铝合金型材与石材板块复合在一起，整体挂接到幕墙龙骨上。该结构简化了现场安装工艺，大大提高了安装速度，且幕墙利于维护，石材板块更换方便快捷。挂件与托件均采用铝合金型材，配合精度高，强度可靠。挂件系统与龙骨之间可实现三维调整，保证了安装精度及立面平整度，施工工艺合理，同时龙骨体系之间的连接均采用螺接方式，最大限度减少现场焊接工作量，提高安装速度，同时更加经济合理。其结构示意图如图 2-20 所示。

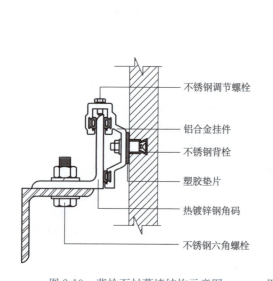
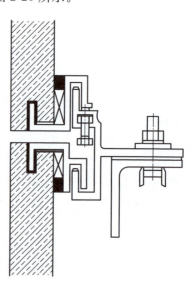

图 2-19 背栓石材幕墙结构示意图　　图 2-20 挂式小单元石材幕墙结构示意图

2.1.3　金属幕墙

金属幕墙是指幕墙面板材料为金属板材的建筑幕墙，如图 2-21 所示。

金属幕墙的出现为建筑幕墙的发展提供了一个广阔的舞台。它作为一种充满现代气息、丰富多彩的建筑幕墙形式，在建筑幕墙行业中得到越来越广泛的推广应用。金属幕墙的出现更加丰富了幕墙的艺术表现力，完善了幕墙的性能。

金属幕墙所使用的面板材料主要有：铝复合板、单层铝板、铝蜂窝板、夹芯保温铝板、不锈钢板、彩钢板、珐琅钢板、波纹铝板、铜板、钛锌板等。

图 2-21　金属幕墙

2.1.4　人造板幕墙

人造板幕墙常用的人造板材有瓷板、陶板、微晶玻璃等。陶板幕墙如图 2-22 所示。

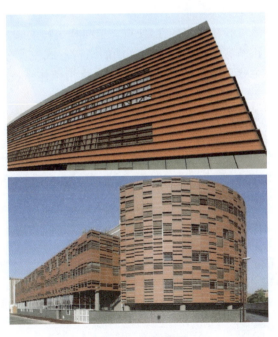

图 2-22　陶板幕墙

2.2 我国铁路站房幕墙主要结构形式及特征

铁路站房门窗幕墙结构形式主要包括玻璃幕墙、石材幕墙、金属板幕墙、人造板材幕墙、膜结构、采光天窗等。

在玻璃幕墙工艺技术还未引进我国前,建筑师们通常采用高大玻璃窗形式来满足采光、外立面装饰的要求,如图 2-23 所示。

图 2-23　北京站高大玻璃窗

2.2.1　玻璃幕墙

日益增长的客流量和功能多样性,使得大空间和大跨度成为新时期铁路站房的特点。新时期铁路站房的大跨度玻璃幕墙的结构形式主要分为框架式和点支式两种。龙骨体系主要采用钢桁架体系、预应力索桁架体系、预应力单索体系以及组合式体系等。

框架式玻璃幕墙施工手段灵活,工艺成熟,主体结构适应能力强。

点支式玻璃幕墙支承结构形式多样,可满足不同建筑师及工程业主对建筑结构与外立面效果的需求;结构稳固美观,构件精巧实用,可实现金属结构与玻璃的通透性能融为一体,建筑内外空间和谐统一;玻璃与驳接爪件采用球铰连接,具有较强的吸收变形的能力。

2.2.1.1　大跨度钢桁架框架式玻璃幕墙

大跨度钢桁架框架式玻璃幕墙,主要以钢桁架为主龙骨,横向以钢通为副龙骨,配合铝型材支座将玻璃固定到外立面上。图 2-24 为武汉站大跨度钢桁架框架式玻璃幕墙立面照片,图 2-25 为盐城站格构钢桁架框架式玻璃幕墙立面照片。

第2章 幕墙主要结构形式及分类

图 2-24 武汉站大跨度钢桁架框架式玻璃幕墙立面

图 2-25 盐城站格构钢桁架框架式玻璃幕墙立面

2.2.1.2 预应力单索点支式玻璃幕墙

预应力单索点支式玻璃幕墙,由玻璃面板、点支承装置和预应力拉索支承结构构成。一般竖向拉索为主受力索,承受全部重力荷载,横向拉索主要承受风荷载。图 2-26 为深圳北站预应力单索点支式玻璃幕墙照片。

图 2-26 深圳北站预应力单索点支式玻璃幕墙

2.2.1.3 鱼腹式索桁架玻璃幕墙

鱼腹式索桁架玻璃幕墙采用双层拉索结构，将索桁架对称设计，使得玻璃幕墙能承受正负风压。图 2-27 为上海火车站鱼腹式索桁架玻璃幕墙。

2.2.1.4 组合式玻璃幕墙

长沙南站采用了典型的组合式玻璃幕墙结构形式，其中钢桁架为主受力支承构件，索杆桁架为跨间辅助支承构件，如图 2-28 所示。

图 2-27　上海火车站鱼腹式索桁架玻璃幕墙

图 2-28　长沙南站组合式玻璃幕墙

2.2.2　石材幕墙及人造板材幕墙

干挂石材幕墙及人造板材幕墙是我国铁路站房常用的幕墙形式。

人造板材幕墙面板材料为人造外墙板（除玻璃、金属以及天然石材外）的建筑幕墙，包括瓷板幕墙、陶板幕墙、微晶玻璃幕墙、石材蜂窝板幕墙等新型材料幕墙。这些新型材料主要是 21 世纪由欧洲传入我国。随着我国绿色建筑的发展，新型材料正向着轻质、高强、节能、耐火、环保和集成化的方向发展，新型材料已逐渐成为现代建筑物重要的一部分，并大量在铁路站房幕墙上得到了应用。图 2-29 为长沙南站室内装修采用的纤瓷板幕墙照片。

2.2.3　金属板幕墙

随着技术的发展，双曲面、扭曲异形面的外观设计通过金属板幕墙得以出现在现实当中，金属幕墙在我国铁路站房得到了大量应用。图 2-30 为济青高铁红岛站采用铝板制成的双曲面金属板幕墙。

第 2 章 幕墙主要结构形式及分类

图 2-29 长沙南站纤瓷板幕墙

图 2-30 济青高铁红岛站双曲面金属板幕墙

2.3 我国铁路站房典型幕墙工程案例

2.3.1 长沙南站

长沙南站是武广客运专线上最大的中间站,于 2009 年 12 月服役运营,屋面最高点 38.2 m,站房建筑面积 14.95 万 m^2,屋面及站台雨棚呈波浪形。长沙南站站房建筑幕墙主要包括玻璃幕墙、花岗岩石材幕墙、纤瓷板人造板幕墙。

1. 玻璃幕墙

站台层及候车层为钢桁架框架式玻璃幕墙,竖向大跨度抗风钢桁架为主要受力结构,如图 2-31 所示,幕墙立柱横梁龙骨为表面氟碳喷涂处理的 120 mm×

80 mm×5 mm 钢方通,幕墙标准分格为 2 000 mm×1 400 mm,玻璃主要采用 8Low-E+12A+8 钢化中空玻璃和 8Low-E+12A+6+1.14PVB+6 钢化夹胶中空玻璃,室外侧采用横明竖隐的形式,如图 2-32 所示。

图 2-31 钢桁架幕墙结构

图 2-32 站台层横明竖隐玻璃幕墙

出站层则为普通框架式玻璃幕墙,竖向主龙骨为 200 mm×100 mm×8 mm 钢通立柱,固定于站房主体结构上,横向龙骨为 80 mm×80 mm×4 mm 钢方通,玻璃主要采用 8 艳钾+12A+8 钢化中空玻璃和 8 艳钾+12A+6+1.14PVB+6 钢化夹胶中空玻璃,室外侧采用横明竖隐的形式。图 2-33 为出站层现场框架式玻璃幕墙纵剖节点图。

2. 干挂花岗岩石材幕墙

石材幕墙采用背栓式干挂构造,面板为 30 mm 厚花岗岩。图 2-34 为室外站台层石材幕墙照片,图 2-35 为干挂石材幕墙纵剖节点图。

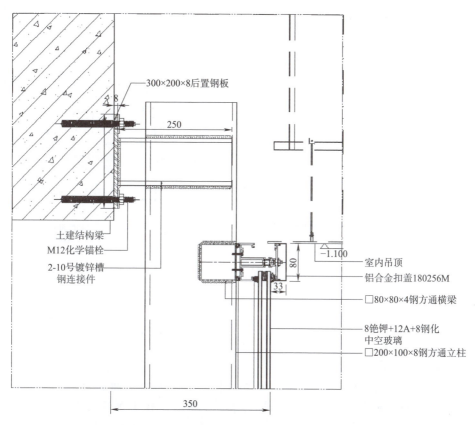

图 2-33 出站层框架式玻璃幕墙纵剖节点(单位:mm)

图 2-34 站台层干挂石材幕墙

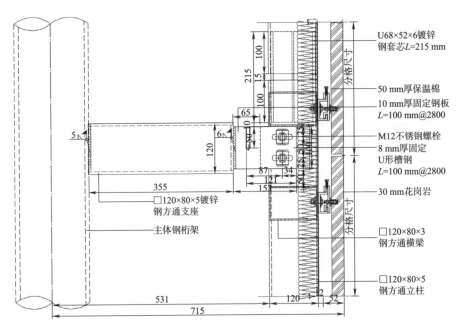

图 2-35　干挂石材幕墙纵剖节点(单位:mm)

3. 纤瓷板幕墙

该铁路站房出站层大部分位置采用了干挂纤瓷板做法,面板为 12 mm 厚浅色复合纤瓷板,其固定方式为 T 形挂件形式。幕墙结构主龙骨采用 120 mm×80 mm×5 mm 镀锌钢方通,副龙骨采用 50 mm×5 mm 镀锌角钢。现场照片如图 2-36 所示,干挂复合纤瓷板幕墙纵剖节点图如图 2-37 所示,图 2-38 为干挂复合纤瓷板连接及内部实物照片。

图 2-36　干挂复合纤瓷板幕墙现场照片

第2章 幕墙主要结构形式及分类

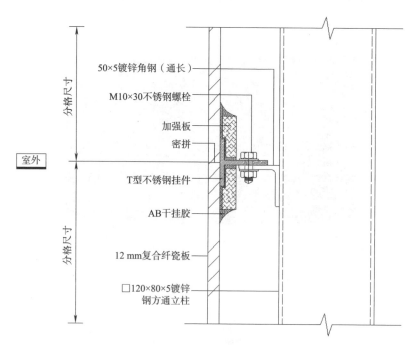

图 2-37 干挂复合纤瓷板幕墙纵剖节点图（单位：mm）

图 2-38 干挂复合纤瓷板连接及内部实物照片

长沙南站站房采光屋面为双曲面形式，南北向为拱形曲线，东西向为波浪形曲线,屋面支承体系为张弦梁结构,面板材料采用的是 8 mm 厚聚碳酸酯采光板,现场照片如图 2-39 所示。

图 2-39　聚碳酸酯采光板屋面

2.3.2　广州南站

广州南站是我国特等站、特大型旅客车站,也是亚洲最大的高铁站,于 2010 年 1 月服役运营,屋面最高点 50 m,站房建筑面积 48.6 万 m²。广州南站站房建筑幕墙主要包括玻璃幕墙和花岗岩石材幕墙。

其玻璃幕墙主要形式为钢桁架框架式全明框玻璃幕墙,竖向大跨度钢桁架为主要受力结构,间距 8 m 一榀,玻璃标准分格设计为 4 000 mm×2 000 mm 大分格,横向采用钢通,中间采用不锈钢拉杆,将重力荷载传递至顶部钢结构,横向钢通承受垂直于面板的风荷载。玻璃面板通过分段焊接在主受力结构上的 60 mm×65 mm×20 mm 厚钢板固定。

玻璃主要采用 10Low-E+12A+10 钢化中空玻璃,室外侧采用全明框装饰线的形式。图 2-40 为钢桁架框架式全明框玻璃幕墙照片,图 2-41 为玻璃幕墙外立面照片。

图 2-40　钢桁架框架式全明框玻璃幕墙

第 2 章　幕墙主要结构形式及分类

图 2-41　玻璃幕墙外立面

2.3.3　深圳北站

深圳北站是深圳市规模最大、接驳功能最全、客流量最大的特大型综合铁路枢纽，于 2011 年 12 月服役运营，主站房最高点 43.602 m，站房建筑面积 7.457 3 万 m²。

深圳北站站房建筑幕墙主要为单层索网点式玻璃幕墙，其结构系统示意图如图 2-42 所示。

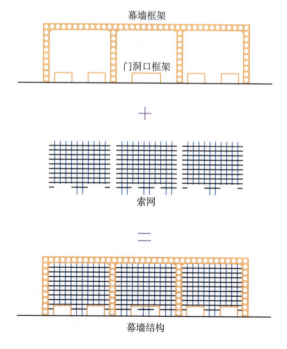
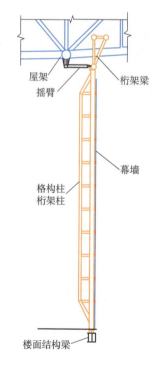

图 2-42　幕墙结构系统

索网体系以竖向支撑空腹桁架、顶部横向钢桁架梁及底部箱型梁形成框架边界结构,而桁架结构顶部通过摇臂和屋盖主体结构进行连接。依据玻璃幕墙所处的不同位置,采用了不同直径的正交拉索作为抗风体系。玻璃面板采用的是10+12A+10高透Low-E中空钢化玻璃。

玻璃面板通过不锈钢夹具固定在索网体系上,幕墙自身重力荷载、索网张力由边界结构承担,最后传递至站房屋盖主体结构。图2-43为现场幕墙结构体系照片,图2-44为索网体系现场照片。

图2-43　现场幕墙结构体系照片　　　　图2-44　索网体系现场照片

第 3 章　铁路站房门窗幕墙用材料基本要求与检测

作为铁路站房建筑幕墙安全检查、检测、鉴定及维护维修和管理人员，只有熟悉掌握建筑幕墙使用的各种材料的基本性能及现行规范标准的要求及规定，才能在工作中发现问题并提出相应的检测方法及解决方案。

建筑幕墙使用的材料主要包括玻璃、石材、金属板、粘结密封材料、钢材、铝合金型材、金属连接件、五金件等。材料的质量关系到建筑幕墙的安全使用与耐久性能。我国相关标准明确了用于建筑幕墙上材料的基本质量要求和规定，本章对建筑幕墙使用的各种材料的相关质量标准、规定进行了归纳总结。

3.1　玻　　璃

3.1.1　建筑幕墙玻璃的品种

玻璃是建筑幕墙最主要的面板材料之一，它的性能直接决定着幕墙的各项性能，同时也是幕墙艺术风格的主要体现者，玻璃的选用是幕墙设计的重要内容。

按照建筑玻璃的制造方法分类，可将建筑玻璃分为平板玻璃、深加工玻璃、熔铸成型玻璃三类。

按使用功能分类如图 3-1 所示。

3.1.2　平板玻璃

平板玻璃主要有两种，即普通平板玻璃和浮法玻璃。

普通平板玻璃是指用有槽垂直引上、平拉、无槽垂直引上等工艺生产，用于一般建筑和其他方面的平板状玻璃。

浮法玻璃是以熔化的玻璃液浮在锡床上，靠自重和表面张力的作用而形成的具有平滑表面的平板状玻璃。

幕墙玻璃均采用浮法玻璃，其特点是表面平整、无波纹、反射的影像不变形。

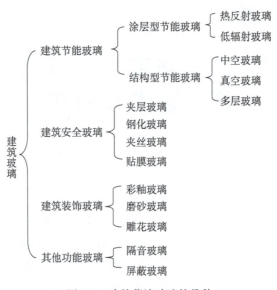

图 3-1 建筑幕墙玻璃的品种

国家标准《平板玻璃》(GB 11614—2022)对平板玻璃的相关技术条件规定如下：

1. 分类

(1)按颜色属性分为无色透明平板玻璃和本体着色平板玻璃两类；

(2)按外观质量要求的不同分为普通平板玻璃和优质加工级平板玻璃两级。

2. 要求

(1)尺寸偏差

平板玻璃应切裁成矩形，其长度和宽度的尺寸偏差不超过表 3-1 中的规定。

表 3-1 尺寸偏差（mm）

厚度 D	尺寸偏差	
	边长 $L \leqslant 3\,000$	边长 $L > 3\,000$
$2 \leqslant D \leqslant 6$	±2	±3
$6 < D \leqslant 12$	$^{+2}_{-3}$	$^{+3}_{-4}$
$12 < D \leqslant 19$	±3	±4
$D > 19$	+5	+5

第3章　铁路站房门窗幕墙用材料基本要求与检测

（2）对角线偏差

平板玻璃对角线差应不大于对角线平均长度的 0.2%。

（3）厚度偏差和厚薄差

平板玻璃的厚度偏差和厚薄差应符合表 3-2 的规定。

表 3-2　厚度偏差和厚薄差（mm）

厚度 D	厚度偏差	厚薄差
$2 \leqslant D < 3$	±0.10	≤0.10
$3 \leqslant D < 5$	±0.15	≤0.15
$5 \leqslant D < 8$	±0.20	≤0.20
$8 \leqslant D \leqslant 12$	±0.30	≤0.30
$12 < D \leqslant 19$	±0.50	≤0.50
$D > 19$	±1.00	≤1.00

（4）外观质量

普通等级平板玻璃外观质量应符合表 3-3 中规定。

表 3-3　普通级平板玻璃外观质量

缺陷种类	要　　求	
点状缺陷	尺寸 L	允许个数限度
	0.3 mm $\leqslant L \leqslant$ 0.5 mm	$2 \times S$
	0.5 mm $< L \leqslant$ 1.0 mm	$1 \times S$
	1.0 mm $< L \leqslant$ 1.5 mm	$0.2 \times S$
	$L >$ 1.5 mm	0
点状缺陷密集度	尺寸 $L \geqslant$ 0.3 mm 的点状缺陷最小间距不小于 300 mm； 在直径 100 mm 圆内，尺寸 $L \geqslant$ 0.2 mm 的点状缺陷不超过 3 个	
线道	不准许	
裂纹	不准许	
划伤	允许范围	允许条数限度
	宽 $W \leqslant$ 0.2 mm，长 $L \leqslant$ 40 mm	$2 \times S$
光学变形	厚度 D	无色透明平板玻璃	本体着色平板玻璃
	2 mm $\leqslant D \leqslant$ 3 mm	≥45°	≥45°
	3 mm $< D \leqslant$ 4 mm	≥50°	≥45°
	4 mm $< D \leqslant$ 12 mm	≥55°	≥50°
	$D >$ 12 mm	≥50°	≥45°

续上表

缺陷种类	要求
断面缺陷	厚度不超过 8 mm 时,不超过玻璃板的厚度;厚度 8 mm 以上时,不超过 8 mm

注:1. S 是以平方米为单位的玻璃板面积数值,按 GB/T 8170 修约,保留小数点后两位。点状缺陷的允许个数限度及划伤的允许条数限度为各系数与 S 相乘所得的数值,按 GB/T 8170 修约至整数。

    2. 光畸变点视为 $0.3 \text{ mm} \leqslant L \leqslant 0.5 \text{ mm}$ 的点状缺陷。

优质加工级平板玻璃外观质量应符合表 3-4 的规定。

表 3-4 优质加工级平板玻璃外观质量

缺陷种类	要求		
点状缺陷	尺寸 L	允许个数限度	
	$0.3 \text{ mm} < L \leqslant 0.5 \text{ mm}$	$1 \times S$	
	$0.5 \text{ mm} < L \leqslant 1.0 \text{ mm}$	$0.2 \times S$	
	$L > 1.0 \text{ mm}$	0	
点状缺陷密集度	尺寸 $L \geqslant 0.3 \text{ mm}$ 的点状缺陷最小间距不小于 300 mm;在直径 100 mm 圆内,尺寸 $L \geqslant 0.1 \text{ mm}$ 的点状缺陷不超过 3 个		
线道	不准许		
裂纹	不准许		
划伤	允许范围	允许条数限度	
	宽 $W \leqslant 0.1 \text{ mm}$,长 $L \leqslant 30 \text{ mm}$	$2 \times S$	
光学变形	厚度 D	无色透明平板玻璃	本体着色平板玻璃
	$2 \text{ mm} \leqslant D \leqslant 3 \text{ mm}$	$\geqslant 50°$	$\geqslant 50°$
	$3 \text{ mm} < D \leqslant 4 \text{ mm}$	$\geqslant 55°$	$\geqslant 50°$
	$4 \text{ mm} < D \leqslant 12 \text{ mm}$	$\geqslant 60°$	$\geqslant 55°$
	$D > 12 \text{ mm}$	$\geqslant 55°$	$\geqslant 50°$
断面缺陷	厚度不超过 5 mm 时,不超过玻璃板的厚度;厚度 5 mm 以上时,不超过 5 mm		

注:1. S 是以平方米为单位的玻璃板面积数值,按 GB/T 8170 修约,保留小数点后两位。点状缺陷的允许个数限度及划伤的允许条数限度为各系数与 S 相乘所得的数值,按 GB/T 8170 修约至整数。

    2. 点状缺陷中不准许有光畸变点。

(5)弯曲度

普通等级平板玻璃弯曲度不应超过 0.2%,优质加工级平板玻璃弯曲度不应超过 0.1%。

（6）光学特性

无色透明平板玻璃可见光透射比应不小于表 3-5 中的规定。

表 3-5　无色透明平板玻璃可见光透射比

厚度(mm)	可见光透射比最小值(%)
2	89
3	88
4	87
5	86
6	85
8	83
10	81
12	79
15	76
19	72
22	69
25	67

本体着色平板玻璃可见光透射比、太阳光直接透射比、太阳能总透射比偏差应不超过表 3-6 中的规定。

表 3-6　本体着色平板玻璃透射比偏差允许值

种　类	偏差允许值(%)
可见光透射比(波长范围 380～780 nm)	1.5
太阳光直接透射比(波长范围 300～2 500 nm)	2.5
太阳能总透射比(波长范围 300～2 500 nm)	3.0

3.1.3　钢化玻璃

钢化玻璃是将普通退火玻璃先切割成设计尺寸，然后加热到接近软化点的 700 ℃左右，再进行快速均匀地冷却而得到的一种深加工玻璃。

钢化玻璃提高了玻璃的机械性能，而且破碎时碎片为小颗粒。因此，钢化玻璃是一种安全玻璃。钢化玻璃应力分布特点如图 3-2 所示。

钢化玻璃按形状分平面钢化玻璃和曲面钢化玻璃。

《建筑用安全玻璃　第 2 部分：钢化玻璃》(GB/ 15763.2—2005)对钢化玻璃质量规定如下：

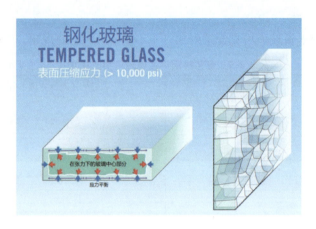

图 3-2　钢化玻璃应力分布特点

1. 尺寸偏差

(1)尺寸及偏差见表 3-7。

表 3-7　长方形平面钢化玻璃允许尺寸偏差(mm)

玻璃厚度	长边边长			
	$L \leqslant 1\,000$	$1\,000 < L \leqslant 2\,000$	$2\,000 < L \leqslant 3\,000$	$L > 3\,000$
3、4、5、6	+1 −2	±3	±4	±5
8、10、12	+2 −3			
15	±4	±4		
19	±5	±5	±6	±7
>19	供需双方商定			

曲面钢化玻璃形状和边长的允许偏差、吻合度由供需方商定。

(2)钢化玻璃的厚度及其允许偏差应符合表 3-8 要求。

表 3-8　钢化玻璃的厚度及其允许偏差(mm)

名　称	厚　度	厚度允许偏差
钢化玻璃	3.0,4.0	±0.2
	5.0	
	6.0	
	8.0	±0.3
	10.0	

第3章 铁路站房门窗幕墙用材料基本要求与检测

续上表

名　称	厚　度	厚度允许偏差
钢化玻璃	12.0	±0.4
	15.0	±0.6
	19.0	±1.0
	>19	供需双方商定

(3)边部加工及孔径允许偏差

①磨边形状及质量由供需方双方协定；

②孔径一般不小于玻璃的公称厚度，小于 4 mm 的孔径由供需方协定，孔径的允许偏差应符合表 3-9 的规定；

③小于玻璃的公称厚度的孔径的大小及质量由供需方协定，但不允许有大于 1 mm 的爆边。

表 3-9　孔径及其允许偏差(mm)

公称孔径 D	允许偏差	公称孔径 D	允许偏差	公称孔径 D	允许偏差
4≤D≤50	±1.0	50<D≤100	±2.0	D>100	供需双方协定

2. 外观质量

钢化玻璃的外观质量应符合表 3-10 的规定。

表 3-10　钢化玻璃的外观质量

缺陷名称	说　明	允许缺陷数
爆边	每片玻璃每米边长上允许有长度不超过 10 mm,自玻璃边部向玻璃板表面延伸深度不超过 2 mm,自板面向玻璃厚度延伸深度不超过厚度 1/3 的爆边个数	1 处
划伤	宽度在 0.1 mm 以下的轻微划伤,每平方米面积内允许存在条数	长度≤100 mm 时 4 条
	宽度大于 0.1 mm 的划伤,每平方米面积内允许存在条数	宽度 0.1～1 mm,长度≤100 mm 时 4 条
夹钳印	夹钳印与玻璃边缘的距离≤20 mm,边部变形量≤2 mm	
裂纹、缺角	不允许存在	

3. 弯曲度

平面钢化玻璃的弯曲度,弓形弯曲不应超过 0.3%,波形弯曲不应超过 0.2%。

4. 抗冲击性

取 6 块钢化玻璃试样进行试验,试样破坏数量,不超过 1 块为合格,多于或等于

3块为不合格,破坏数为2块时,再取6块进行试验,6块必须全部不被破坏为合格。

5. 碎片状态

取4块钢化玻璃试样进行试验,每块试样在50 mm×50 mm区域内的碎片数必须超过40个,且允许有少量长条形碎片,其长度不超过75 mm。

6. 表面应力

钢化玻璃表面应力不应小于90 MPa。

7. 耐热冲击性能

钢化玻璃应能耐200 ℃左右的温差不破坏。

3.1.4 均质钢化玻璃

钢化玻璃的自爆大大限制了钢化玻璃的应用。经过长期的跟踪与研究,发现玻璃内部存在硫化镍(NiS)结石是造成钢化玻璃自爆的主要原因。研究表明,通过对钢化玻璃进行均质(第二次热处理工艺)处理,可以大大降低钢化玻璃的自爆率。

生产均质钢化玻璃所使用的玻璃,其质量应符合相应的产品标准的要求。对于有特殊要求的,用于生产均质钢化玻璃的玻璃,其质量由供需双方确定。

均质钢化玻璃应符合《建筑用安全玻璃 第4部分:均质钢化玻璃》(GB 15763.4)的规定。

均质钢化玻璃的处理过程包括升温、保温及降温三个阶段,如图3-3所示。

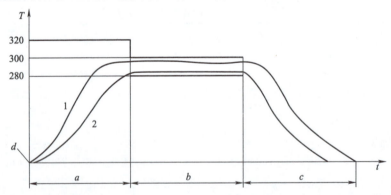

T:温度坐标(℃); t:时间坐标(h);
1——第一片达到280 ℃的玻璃的温度曲线;
2——最后一片达到280 ℃的玻璃温度曲线;
a:加热阶段;
b:保温阶段;
c:冷却阶段;
d:环境温度(升温起始温度)。

图3-3 均质处理过程的典型曲线

钢化玻璃的均质处理设备采用均质炉。均质炉采用对流方式加热。热空气流应平行于玻璃表面并通畅地流通于每片玻璃之间,且不应由于玻璃的破碎而受到阻碍。在对曲面钢化玻璃进行均质处理过程中,应采取措施防止由于玻璃的形状不规则而导致的气流流通不通畅。空气的进口与出口也不得由于玻璃的破碎而受到阻碍。均质炉外观如图 3-4 所示。

3.1.5 夹层玻璃

夹层玻璃是由两片或多片玻璃之间夹了一层或多层有机聚合物中间膜,经过特殊的高温预压(或抽真空)及高温高压工艺处理后,使玻璃和中间膜永久粘合为一体的复合玻璃产品。常用的夹层玻璃中间膜有:PVB、SGP、EVA、PU 等。由于玻璃与中间层胶片组合在一起,当玻璃破裂时,夹层玻璃仍能保持完整性,破碎的玻璃不会掉落。夹层玻璃结构如图 3-5 所示。

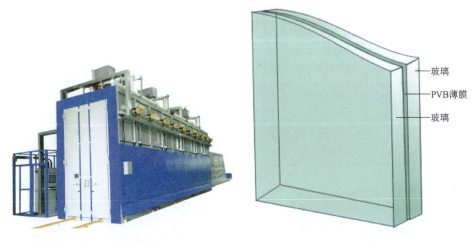

图 3-4　均质炉　　　　　　　　图 3-5　夹层玻璃结构

《建筑用安全玻璃　第 3 部分:夹层玻璃》(GB 15763.3—2009)标准中对夹层玻璃的质量主要规定:

1. 外观质量

裂纹:不允许存在。

爆边:长度或宽度不得超过玻璃的厚度。

划伤或磨伤:不得影响使用。

脱胶:不允许存在。

气泡、中间层杂质及其他可观察到的不透明的缺陷应符合表 3-11 中的要求。

表 3-11　夹层玻璃中允许的点状缺陷数(个)

缺陷尺寸 λ(mm)	0.5<λ≤1.0	1.0<λ≤3.0			
板面面积 S(m²)	S 不限	S≤1	1<S≤2	2<S≤8	S>8
允许的缺陷个数　玻璃层数　2 层	不得密集存在	1	2	1.0/m²	1.2/m²
3 层	不得密集存在	2	3	1.5/m²	1.8/m²
4 层	不得密集存在	3	4	2.0/m²	2.4/m²
≥5 层	不得密集存在	4	5	2.5/m²	3.0/m²

2. 尺寸允许偏差

(1)长度与宽度

夹层玻璃最终产品的长度及宽度的允许偏差应符合表 3-12 中的规定。

表 3-12　长度和宽度允许偏差(mm)

公称尺寸(边长 L)	公称厚度≤8	公称厚度>8	
		每块玻璃公称厚度<10	至少一块玻璃公称厚度≥10
L≤1 100	+2.0 −2.0	+2.5 −2.0	+3.5 −2.5
1 100<L≤1 500	+3.0 −2.0	+3.5 −2.0	+4.5 −3.0
1 500<L≤2 000	+3.0 −2.0	+3.5 −2.0	+5.0 −3.5
2 000<L≤2 500	+4.5 −2.5	+5.0 −3.0	+6.0 −4.0
L>2 500	+5.0 −3.0	+5.5 −3.5	+6.5 −4.5

(2)叠差

夹层玻璃最大叠差应符合表 3-13 中的规定。

表 3-13　最大允许叠差(mm)

长边或宽度 L	最大允许叠差 δ	长边或宽度 L	最大允许叠差 δ
L≤1 000	2.0	2 000<L≤4 000	4.0
1 000<L≤2 000	3.0	L>4 000	6.0

(3)厚度

对于多层制品,原片玻璃总厚度超过 24 mm 及使用钢化玻璃作为原片时,其厚度允许偏差由供需双方协定。

①干法夹层玻璃的厚度偏差

干法夹层玻璃的厚度偏差,不能超过构成夹层玻璃的原片允许偏差和中间层材料厚度允许偏差之和。中间层的总厚度小于 2 mm 时,其允许厚度偏差不予考虑。中间层总厚度大于 2 mm 时,其厚度允许偏差为±0.2 mm。

②湿法夹层玻璃的厚度偏差

湿法夹层玻璃的厚度偏差,不能超过构成夹层玻璃的原片允许偏差和中间层允许偏差之和。

(4)对角线偏差

对于矩形夹层玻璃制品,长边长度不大于 2 400 mm 时,其对角线偏差不得大于 4 mm;长边长度大于 2 400 mm 时,其对角线偏差由供需双方协定。

3. 弯曲度

平面夹层玻璃的弯曲度不得超过 0.3%。使用夹丝玻璃或钢化玻璃制作的夹层玻璃由供需双方协定。

4. 抗风压性能

应由供需双方协定是否有必要进行该项试验,以便选择给定风压下的合理的夹层玻璃厚度,或验证给定的玻璃是否能满足设计抗风压值的要求。

5. 其他要求

其他相关要求见《建筑用安全玻璃 第3部分:夹层玻璃》(GB 15763.3)中的相关内容。

3.1.6 中空玻璃

中空玻璃是将两片或多片玻璃以有效支撑均匀隔开并周边粘结密封,使玻璃层间形成有干燥气体空间的玻璃制品。中空玻璃结构如图 3-6 所示。

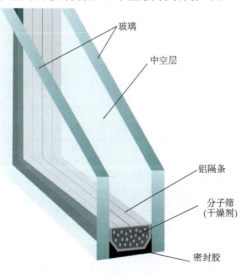

图 3-6 中空玻璃

中空玻璃的技术要求,《中空玻璃》(GB/T 11944—2012)的规定如下：

1. 材料

(1)玻璃。可采用浮法玻璃、夹层玻璃、钢化玻璃、幕墙用钢化和半钢化玻璃、着色玻璃、镀膜玻璃、压花玻璃等。各种玻璃应符合相关标准的要求。

(2)密封胶。中空玻璃用弹性密封胶应符合《中空玻璃用弹性密封胶》(GB/T 29755—2013)的规定。

(3)胶条。用塑性密封胶制成的含有干燥剂和波浪形铝带的胶条,其性能应符合相应标准。

(4)间隔框。使用金属间隔框时应去污或进行化学处理。

(5)干燥剂的质量、性能应符合相应标准。

2. 中空玻璃的长度及宽度允许偏差见表 3-14。

表 3-14　中空玻璃的长度及宽度允许偏差(mm)

长(宽)度	允许偏差	长(宽)度	允许偏差	长(宽)度	允许偏差
$L<1\,000$	±2.0	$1\,000{\leqslant}L<2\,000$	$+2$ -3	$L{\geqslant}2\,000$	±3.0

3. 中空玻璃厚度允许偏差见表 3-15。

表 3-15　中空玻璃厚度允许偏差(mm)

公称厚度 t	允许偏差	公称厚度 t	允许偏差	公称厚度 t	允许偏差
$t<17$	±1.0	$17{\leqslant}t<22$	±1.5	$t{\geqslant}22$	±2.0

注:中空玻璃的公称厚度为两片玻璃公称厚度与间隔框厚度之和。

4. 中空玻璃两对角线之差

正方形和矩形中空玻璃对角线之差应不大于对角线平均长度的 0.2%。

5. 外观质量

中空玻璃不得有妨碍透视的污迹、夹杂物及密封胶飞溅等现象。

6. 密封性能

(1)20 块 4 mm+12 mm+4 mm 试样全部满足以下两条规定为合格：

①在试验压力低于环境气压(10±0.5) kPa 下,初始偏差必须大于等于 0.8 mm；

②在该气压保持 2.5 h 后,厚度偏差的减小应不超过初始偏差的 15%。

(2)20 块 5 mm+9 mm+5 mm 试样全部满足以下两条规定为合格：

①在试验压力低于环境气压(10±0.5) kPa 下,初始偏差必须大于等于 0.5 mm；

②在该气压保持 2.5 h 后,厚度偏差的减小应不超过初始偏差的 15%。

(3) 其他厚度的样品由供需双方协定。

7. 其他规定

其他规定见《中空玻璃》(GB/T 11944—2012)中相关内容。

3.1.7 阳光控制镀膜玻璃

阳光控制镀膜玻璃(也称热反射镀膜玻璃)，是选用优质浮法玻璃为基片，采用真空磁控溅射设备，将溅射材料原子溅射到玻璃表面，形成单层或多层金属或化合物薄膜而制成的玻璃制品，如图3-7所示。

图 3-7 阳光控制镀膜玻璃

阳光控制镀膜玻璃对波长 0.35～1.8 μm 的太阳光具有一定控制作用，具有良好的可见光投射、反射调控能力，有较强的热吸收能力，如图3-8所示。

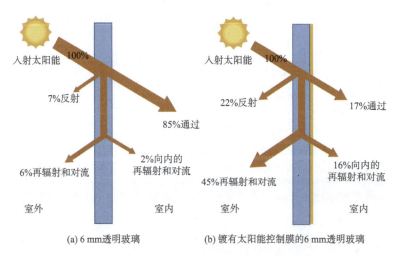

(a) 6 mm透明玻璃　　　　(b) 镀有太阳能控制膜的6 mm透明玻璃

图 3-8 阳光控制镀膜玻璃对光的通过控制

《镀膜玻璃 第 1 部分:阳光控制镀膜玻璃》(GB/T 18915.1—2013)规定产品质量应满足:

1. 非钢化阳光控制镀膜玻璃尺寸允许偏差、厚度允许偏差、弯曲度、对角线差应符合《平板玻璃》(GB 11614)的规定。

2. 钢化阳光控制镀膜玻璃与非钢化阳光控制镀膜玻璃尺寸允许偏差、厚度允许偏差、弯曲度、对角线差应符合《建筑用安全玻璃 第 2 部分:钢化玻璃》(GB 15763.2—2005)的规定。

3. 外观质量。作为幕墙用的钢化、半钢化阳光控制镀膜玻璃原片应进行边部精磨边处理。

阳光控制镀膜玻璃的外观质量应符合表 3-16 规定。

表 3-16　阳光控制镀膜玻璃的外观质量

缺陷名称	说　　明	要　　求
针孔	直径<0.8 mm	不允许集中
	0.8 mm≤直径<1.5 mm	中部:允许个数:2.0×S,个,且任意两缺陷之间的距离大于 300 mm 边:不允许集中
	1.5 mm≤直径≤2.5 mm	中部:不允许 边部允许个数:1.0×S,个
	直径>2.5 mm	不允许
斑点	1.0 mm≤直径<2.5 mm	中部:不允许 边部允许个数:2.0×S,个
	直径>2.5 mm	不允许
斑纹	目视可见	不允许
暗道	目视可见	不允许
膜面划伤	宽度≥0.1 mm 或长度>60 mm	不允许
玻璃面划伤	宽度≤0.5 mm,长度≤60 mm	允许条数:3.0×S,个
	宽度>0.5 mm 或长度>60 mm	不允许

注:1. 集中是指在 ϕ100 mm 面积内超过 20 个。
　　2. S 是以 m² 为单位的玻璃板面积,保留小数点后两位。
　　3. 允许个数及允许条数为各系数与 S 相乘所得的数值,按 GB/T 8170 修约至整数。
　　4. 玻璃板的边部是指距边 5%边长距离的区域,其他部分为中部。
　　5. 对于可钢化阳光控制镀膜玻璃,其热加工后的外观质量要求可由供需双方商定。

4. 光学性能。光学性能包括:紫外线透射比、可见光透射比、可见光反射比、太阳光直接透射比、太阳光直接反射比和太阳光总透射比,其要求应符合表 3-17 的规定。

表 3-17　阳光控制镀膜玻璃的光学性能要求

检测项目	允许偏差最大值(明示标称值)	允许最大差值(未明示标称值)
光学性能	±1.5%	≤3.0%

注：对于明示标称值(系列值)的样品，以标称值作为偏差的基准，偏差的最大值应符合本表的规定；对于未明示标称值的产品，则取 3 块试样进行测试，3 块试样之间差值的最大值应符合本表的规定。

5. 其他要求。

包括颜色均匀性、耐磨性、耐酸性、耐碱性等均应满足相关规范要求。

3.1.8　低辐射镀膜玻璃

低辐射镀膜玻璃，亦称 Low-E 玻璃、低辐射玻璃，是浮法玻璃基片表面上涂覆特殊的薄膜，这种膜层对可见光具有高透光性，保证了室内的采光，又对远红外光具有高反射性，从而做到阻止玻璃吸收室外热量再产生热辐射将热量传入室内，又将室内物体产生的热量反射回来，以达到降低玻璃的热辐射通过量的目的。低辐射镀膜玻璃还可以复合阳光控制功能，称为阳光控制低辐射玻璃。

《镀膜玻璃　第 2 部分：低辐射镀膜玻璃》(GB/T 18915.2—2013)对低辐射玻璃技术要求作了如下规定：

1. 厚度偏差

低辐射镀膜玻璃的厚度偏差应符合《平板玻璃》(GB 11614—2022)标准的有关规定。

2. 尺寸偏差

(1)低辐射镀膜玻璃的尺寸偏差应符合《平板玻璃》(GB 11614—2022)标准的有关规定，不规则形状的尺寸偏差由供需双方协定。

(2)钢化、半钢化低辐射镀膜玻璃的尺寸偏差应符合标准《建筑用安全玻璃　第 2 部分：钢化玻璃》(GB 15763.2—2005)的有关规定。

3. 外观质量

低辐射镀膜玻璃的外观质量应符合表 3-18 的规定。

表 3-18　低辐射镀膜玻璃的外观质量

缺陷名称	说　　明	要　　求
针孔	直径＜0.8 mm	不允许集中
	0.8 mm≤直径＜1.5 mm	中部：允许 3.0×S，个，且任意两针孔之间的距离大于 300 mm 边部：不允许集中
	1.5 mm≤直径＜2.5 mm	中部：不允许 边部：允许 2.0×S，个
	直径＞2.5 mm	不允许

续上表

缺陷名称	说　　明	要　　求
斑点	直径＜1.0 mm	不允许集中
	1.0 mm≤直径≤2.5 mm	中部:不允许 边部:允许 3.0×S,个
	直径＞2.5 mm	不允许
暗道	目视可见	不允许
膜面划伤	长度≤60 mm 且宽度＜0.1 mm	不作要求
	长度≤60 mm 且 0.1 mm≤宽度≤0.3 mm	中部:允许 2.0×S,条 边部:任意二划伤间距不得小于 200 mm
	长度＞60 mm 或宽度＞0.3 mm	不允许
玻璃面划伤	长度≤60 mm 且宽度≤0.5 mm	允许 3.0×S,个
	长度＞60 mm 或宽度＞0.5 mm	不允许

4. 弯曲度

(1)低辐射镀膜玻璃的弯曲度不应超过 0.2%。

(2)钢化、半钢化低辐射镀膜玻璃的弓形弯曲度不得超过 0.3%,平面玻璃的弯曲度,弓形时不超过 3%,波形时不得超过 0.2%。

5. 对角线差

(1)低辐射镀膜玻璃的对角线差应符合标准《平板玻璃》(GB 11614—2022)的有关规定。

(2)钢化、半钢花低辐射镀膜玻璃的对角线差应符合标准《半钢化玻璃》(GB/T 17841—2008)的有关规定。

6. 光学性能

低辐射镀膜玻璃的光学性能包括:紫外线透射比、可见光透射比、太阳光直接透射比、太阳光直接反射比和太阳能总透射比,这些性能的差值应符合表 3-19 规定。

表 3-19　低辐射镀膜玻璃的光学性能要求

项目	允许偏差最大值(明示标称值)	允许最大值(未明示标称值)
指标	±1.5%	≤3.0%

7. 颜色均匀性

低辐射镀膜玻璃的颜色均匀性,采用 CIELAB 均匀色空间的色差 ΔE_{ab}^* 来表示。测量低辐射镀膜玻璃在使用时朝向室外的表面,该表面的反射色差 ΔE_{ab}^* 不应大于 2.5。

3.2 石材及复合板

3.2.1 石材的分类

石材的分类主要是通过其地质组成来划分,从地质学的角度来看,地壳中的岩石分为以下三类:

1. 火成岩

又称岩浆岩,是指岩浆冷却后(地壳里喷出的岩浆,或者被融化的现存岩石)形成的一种岩石。现在已经发现 700 多种岩浆岩,大部分是存在于地壳当中的岩石。常见的岩浆岩有花岗岩、安山岩及玄武岩等。

2. 沉积岩

又称水成岩,是在地表不太深的地方,将其他岩石的风化产物和一些火山喷发物,经过水流或冰川的搬运、沉积、成岩作用形成的岩石。沉积岩主要包括有石灰岩、砂岩、页岩等。

3. 变质岩

是由地壳中先期形成的岩浆岩、变质岩或沉积岩,在环境条件改变的影响下,矿物成分、化学成分以及结构构造发生变化而形成的一种岩石。它的岩性特征,既受原岩的控制,具有一定的继承性,又因经受了不同的变质作用,在矿物成分和结构构造上具有新生性(如含有变质矿物和定向构造等)。大理岩、板页岩和石英岩是变质岩中的三种常见的岩石。

石材幕墙常用的花岗岩、大理岩、砂岩板材分属三大类岩石,花岗岩属于火成岩,大理岩属于变质岩,砂岩属于沉积岩,如图 3-9 所示

图 3-9 火成岩、变质岩和沉积岩

三大类岩石之间的转化过程如图 3-10 所示。

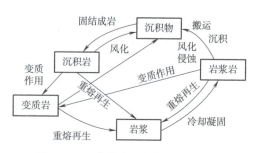

图 3-10 三大类岩石之间的转化过程

3.2.2 建筑幕墙常用石材

3.2.2.1 花岗岩

花岗岩(gramite)是一种由火山爆发形成的岩熔,在受到相当大的压力作用下,由熔融状态的岩浆侵入地壳深部经慢慢冷却凝固后形成的一种岩石,是一种深成酸性火成岩,属于岩浆岩(火成岩),如图 3-11 所示。

图 3-11 花岗岩

花岗岩以石英、长石和云母为主要成分,其中长石含量为 40%~60%,石英含量为 20%~40%,其颜色决定于所含成分的种类和数量。花岗岩为全结晶结构的岩石,优质花岗岩晶粒细而均匀、构造紧密、石英含量多、长石光泽明亮。花岗岩结构致密、质地坚硬、耐酸碱、耐气候性好、耐磨、耐压,几乎可用于室内外各种条件下。

花岗岩物理特点:

1. 多孔性/渗透性。花岗岩的物理渗透性几乎可以忽略不计,在 0.2%~4% 之间。

2. 热稳定性。花岗岩具有高强度的耐热稳定性,它不会因为外界温度的改变而发生变化,花岗岩因其密度很高而不会因温度及空气成分的改变而发生变化。

3. 抗腐蚀性。花岗岩具有很强的抗腐蚀性,因此,很广泛地被运用在储备化学腐蚀品上。

4. 颜色。花岗岩的颜色及材质都是高度一致,其表观一般为均匀颗粒状以及发光云母颗粒。除少数品种外,大部分花岗岩的表观效果较为单一,与大理岩相比缺少特殊的花纹,主要靠整体色彩及质感显示效果。

5. 硬度。花岗岩是最硬的建筑材料,也由于它的超强硬度而使它具有很好的耐磨性。

但由于花岗岩含有石英,高温下会膨胀碎裂;另外氧化铁含量高时,表面易锈蚀。幕墙石材宜选用火成岩类石材,花岗岩板材弯曲强度不应小于 8.0 MPa,石材幕墙用花岗岩板材厚度不应小于 25 mm,火烧板厚度应增加 3 mm,吸水率应小于 0.8%。

3.2.2.2 大理岩

大理岩(marble)又称云石,是地壳中原有的岩石经过地壳内高温高压作用形成的一种变质岩,变质作用是在地壳的内力作用下,促使原来的各类岩石发生质的变化的过程。变质作用使原来岩石的结构、构造和矿物成分发生改变。经过质变形成的新的岩石类型称为变质岩,如图 3-12 所示。

图 3-12 大理岩

大理岩主要由方解石、蛇纹石和白云石组成,其主要成分以碳酸钙为主,约占 50% 以上,其他还有碳酸镁、氧化钙、氧化锰及二氧化硅等。大理岩颜色很多,通常有明显的花纹,矿物颗粒很多。

大理岩物理特点主要如下:

1. 尺寸稳定性。岩石经长期天然时效,组织结构均匀,线胀系数极小,内应力完全消失,不变形。

2. 硬度高。刚性好,硬度高,耐磨性强,温度变形小。

3. 使用寿命长。不易粘微尘,维护、保养方便简单,使用寿命长。

大理岩和花岗岩虽然同为岩石,但因组成成分不同,因而在材性上有很大的区别,见表3-20。

表 3-20　大理岩和花岗岩的主要区别

石 材	岩 石	岩 性	主要组成	密度 (g/cm³)	抗压强度 (MPa)	抗弯强度 (MPa)	吸水率 (%)
花岗岩	火成岩	硬性	氧化硅	2.5～2.6	68～108	5.8～15.7	0.07～0.3
大理岩	变质岩	中性	碳酸钙	2.6～2.7	117～245	8.3～14.7	0.06～0.45

大理岩一般都含有杂质,而且碳酸钙在大气中受二氧化碳、碳化物、水汽的作用,也容易风化和溶蚀,而使表面很快失去光泽。当空气潮湿并附有二氧化硫时,大理岩表面会发生化学反应生成石膏,呈现风化现象,如图3-13所示。

图 3-13　大理岩风化

大理岩在建筑中一般多用于室内墙、地面,用于室内地面时需经常抛光保养以保持光洁度,应用于室外墙面则需加大石板厚度或采用现代工艺的防水防腐保护处理。

3.2.2.3　砂岩

砂岩(sandstone)是一种沉积岩,由砂粒经过水流冲蚀沉淀于河床上,经长时间的堆积、地壳运动而成。砂岩是一种亚光石材,不会产生强烈的反射光,视觉柔和亲切。与大理岩及花岗岩相比,砂岩的放射性几乎为零,对人体无伤害,适合于大面积应用。砂岩在耐用性上也可以比拟大理岩、花岗岩,它不易风化、变色。砂岩外观如图3-14所示。

但由于国家及行业相关规范标准中没有对砂岩这种疏松的石材应用到幕墙上的有效指导,因此,在幕墙实施过程中,还在采用传统的石材幕墙构造方式来完成砂岩幕墙,这就带来了很多问题。图3-15展示了砂岩破损的样貌。

图 3-14　砂岩及砂岩幕墙

图 3-15　砂岩幕墙面板破损

3.2.2.4　板岩

板岩(slate)是具有板状构造、基本没有重结晶的岩石,是一种变质岩,由黏土质、粉砂质沉积岩或中酸性凝灰质岩石、沉积凝灰岩经轻微变质作用形成。原岩为泥质、粉质或中性凝灰岩,沿板理方向可以剥成薄片。板岩的颜色随其所含有的杂质不同而变化。

天然板岩拥有一种特殊的层片状纹理,纹理清晰、质地细腻致密,沿着片理不仅易于劈分,而且劈分后的石材表面显示出自然的凸凹状纹理,可制作成片状用于墙面、地面装饰。在一些盛产板岩的山区,板岩还常被用作石片屋瓦。板岩的硬度和耐磨度介于花岗岩与大理岩之间,具有吸水率低、耐酸、不易风化等特点。板岩外观如图 3-16 所示。

图 3-16　板岩

3.2.2.5　沉积凝灰岩

沉积凝灰岩（travertine）属沉积岩（水成岩），由于表面常有许多孔隙而俗称"洞石"。是由溶于水中的钙质碳酸盐及其矿物沉积于河床、湖底等地而形成的，由于沉淀速度快，钙质碳酸盐中的一些有机物和气体不能及时释放，长久固化后便产生了孔隙，形成了美丽的纹理。图 3-17 是凝灰岩在幕墙的应用展示。

图 3-17　凝灰岩及凝灰岩幕墙（天津美术馆）

洞石在成形过程产生的孔隙和纹理特征，也使得其在大气中暴露时会产生内部的裂缝和分层，降低其强度，如果得以很好的处理，其物理性能与大理岩类似。凝灰岩的孔隙特征使石材的强度降低，暴露在大气中时内部易产生裂缝和分层。实际应用中，常采用表面涂覆有机硅防水剂的方法进行防水加固处理，在作为幕墙板材时应特别注意石板的连接细节，防止石材裂缝的产生。凝灰岩虽然强度受孔隙的影响，但其硬度较高，完全可以作为地面材料使用，为防止灰土进入孔隙内,一般应在表面涂覆合成树脂。

3.2.2.6 玛瑙石

建筑中常使用的玛瑙石(atage)是缟玛瑙(onyx),是玛瑙石的一种。缟玛瑙拥有不同颜色的色层,常用作浮雕及高档室内建筑材料。缟玛瑙用于室内时,在一定厚度的情况下,经过高度抛光后可呈半透明状态。玛瑙石与玻璃组成复合材料常作为幕墙板材应用,图3-18为日本大阪LVMH总部大楼幕墙,设计师将4 mm的玛瑙石薄片复合在两片玻璃中形成的特殊夹层玻璃,由于更薄透光效果更好,强度也能得到保证,起到了极为绚丽的视觉效果。

图3-18 玛瑙石及玛瑙石幕墙(大阪LV总部大楼)

3.2.2.7 浮石

浮石(pumice)又称多孔玄武岩,是火山爆发后由熔融的岩浆与气泡以及一些碎屑经冷凝、成岩、压实等多种作用形成的多孔形石材,因其常能浮于水面俗称"浮石"。浮石中含有钠、镁、铝、硅、钙、钛等几十种矿物质和微量元素,常用于过滤、研磨、建筑、园林造景、无土栽培等领域。维也纳MUMOK艺术中心如图3-19所示。

3.2.3 石材蜂窝板

对于有些高层建筑外墙不适合采用天然石材,又想具有石材的立面效果,可以采用石材蜂窝板。石材蜂窝板一般采用3~5 mm石材、10~25 mm铝蜂窝板,

图 3-19　浮石及浮石幕墙(维也纳 MUMOK 艺术中心)

经过专用粘合剂粘接复合而成。对于外装幕墙,推荐石材铝蜂窝板的石材厚度为 4～5 mm,铝蜂窝板厚度不低于 25 mm。

石材蜂窝板构造简单、造价低,其成品具有耐压、保温、隔热、防水、防震等性能好,施工效率高等显著优点,具有较大的应用推广价值。其重量是普通石材的 1/5,又保持天然石材的装饰效果,可用于内外幕墙工程。蜂窝石材如图 3-20 所示。

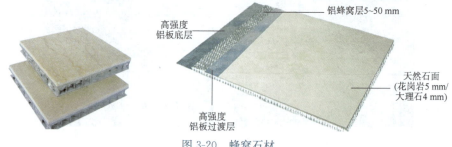

图 3-20　蜂窝石材

石材蜂窝板重量轻,节省了运输成本,降低了对建筑主体的载重限制;石材与铝蜂窝板复合后,其抗弯、抗折、抗剪切的强度明显得到提高,大大降低了运输、安装、使用过程中的破损率;在安装过程中,无论重量、易破碎(强度等)或分色拼接都大大提高了安装效率和安全性,同时也降低了安装成本;用铝蜂窝板与石材做成的复合板,其用等六边形做成的中空铝蜂芯具有隔音、防潮、隔热、防寒的性能;因石材复合材较薄较轻,对于较贵的石材品种,做成复合板后都不同程度地比原版的成品板价格低廉。

3.2.4　石材及复合板性能基本要求

1. 石材面板

石材面板不应有软弱夹层。带层状纹理的面板,不应有粗粒、疏松、多孔的条纹。

石材面板应作表面防护处理,其外观质量和性能指标应符合《天然花岗石建筑板材》(GB/T 18601)、《天然花岗石荒料》(JC/T 204)、《天然板石》(GB/T 18600)及《金属与石材幕墙工程技术规范》(JGJ 133)中的规定。

建筑幕墙上应用的石材面板宜选用花岗岩,其物理性能应满足表 3-21 的要求。

表 3-21　花岗岩物理性能

项目	吸水率（%）	体积密度（g/cm³）	压缩强度（MPa）	弯曲强度（MPa）
指标	≤0.6	≥2.560	≥100	≥8.0

2. 瓷板

瓷板物理性能应符合《建筑幕墙用瓷板》(JG/T 217)的规定,并满足表 3-22 的要求。

表 3-22　幕墙瓷板物理性能

项目	技术指标
吸水率(%)	平均值≤0.5;单个值≤0.6
抗热震性	经抗热震性试验后不出现炸裂或裂纹(循环次数:10 次)
抗釉裂性(有釉表面)	经抗釉裂性试验后,有釉表面应无裂纹或剥落(循环次数:1 次)
抗冻性	经抗冻性试验后应无裂纹或剥落(循环次数:100 次)
光泽度(抛光板)	光泽度不低于 55
耐磨性	非施釉表面耐深度磨损体积不大于 175 mm³
	施釉表面耐深度不低于 3 级
色差	同一品种、同一批号瓷板颜色花纹基本一致

注:釉面板上有设计要求的装饰性裂纹时,应加以说明,可不做抗釉裂性试验。

3. 陶板

物理力学性能应符合《建筑幕墙用陶板》(JG/T 324)的规定。

4. 玻璃纤维增强水泥板

玻璃纤维增强水泥板(GRC)材料物理力学性能应满足表 3-23 的要求。

表 3-23　玻璃纤维增强水泥板(GRC)结构层物理力学性能

性能		单位	技术指标
抗弯比例极限强度	平均值	MPa	≥7.0
	单块最小值	MPa	≥6.0

续上表

性　　能		单　位	技术指标
抗弯极限强度	平均值	MPa	≥18.0
	抗弯极限强度	MPa	≥15.0
抗冲击强度		kJ/m²	≥8.0
体积密度（干燥状态）		g/cm³	≥1.8
吸水率		%	≤14.0
抗冻性		—	经2次冻融循环，无起层、剥落等破坏现象
防火性能		—	A级

玻璃纤维增强水泥板（GRC）应外观完整、纹理清晰、面板边缘整齐、无缺棱损角。

带装饰层的 GRC 板其饰面应满足建筑设计要求，不应有明显色差或局部因材料质量或配比等因素引起的色斑等影响和缺陷。玻璃纤维增强水泥板（GRC）应做面防护处理。

3.3　金属板及复合板

3.3.1　金属板及复合板的种类

3.3.1.1　单层铝板

幕墙铝板采用优质高强度铝合金板材，其常用厚度为 2～3 mm，型号为 3003，状态为 H24，其构造主要由面板、加强筋和角码组成。

角码可直接由面板折弯、冲压成型，也可在面板的小边上铆装角码成型。加强筋与板面后的电焊螺钉连接，使之成为一个牢固的整体，极大增强了铝板幕墙的强度与刚性，保证了长期使用中的平整度及抗风抗震能力。需要隔音保温时，可在铝板内侧安装隔音保温材料。铝板幕墙节点如图 3-21 所示。

幕墙铝板表面经过铬化等前期处理后，再采用氟碳喷涂处理。

氟碳涂层分面漆和清漆层，一般分为二涂、三涂或四涂。其主要化学成分为聚偏氟乙烯树脂。

氟碳涂层具有卓越的抗腐蚀性和耐候性，能抗酸雨、盐雾和各种空气污染物，耐冷热性能极好，能抵御强烈紫外线的照射，能长期保持不褪色、不粉化，使用寿命长。

铝板幕墙具有以下特点：

(1)铝板幕墙刚性好、重量轻、强度高，耐腐蚀性能好。

第3章 铁路站房门窗幕墙用材料基本要求与检测

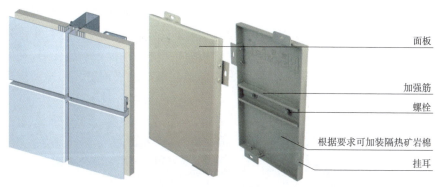

图 3-21 铝板幕墙节点

(2) 幕墙铝板采用先加工后喷漆工艺,可加工成平面、弧形球面等各种复杂几何形状。

(3) 铝板幕墙氟碳涂料膜的非黏着性,使表面很难附着污染物,更具有良好的向洁性。

(4) 铝板在工厂成型,施工现场不需裁切,只需简单固定,安装施工方便快捷。

3.3.1.2 铝蜂窝板

铝蜂窝板主要选用优质的 3003H24 合金铝板或 5052AH14 高锰合金铝板为基材,面板为氟碳辊涂或耐色光烤漆。芯材采用六角形 3003 型铝蜂窝芯。

铝蜂窝板加工过程全部在工厂完成,采用热压成型技术,并采用双组分聚氨酯高温固化胶,用全自动蜂窝板复合生产设备,通过加压高温复合而成。蜂窝芯材可分散承担来自面板方向的压力,使受力均匀,保证了面板在较大面积时仍能保持很高的平整度。铝蜂窝板结构如图 3-22 所示。

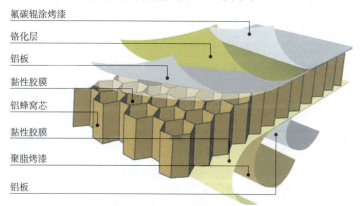

图 3-22 铝蜂窝板结构

铝蜂窝板幕墙以其质轻、减振、隔音、保温、阻燃和比强度高等优良性能,已被广泛应用于高层建筑外墙装饰。具有相同刚度的蜂窝板重量仅为铝单板的 1/5,钢板的 1/10,其抗风压性能大大优于铝塑板和铝单板,并具有不易变形,平面度好的特点,即使蜂窝板的分格尺寸很大,也能达到极高的平面度。铝蜂窝板幕墙节点如图 3-23 所示。

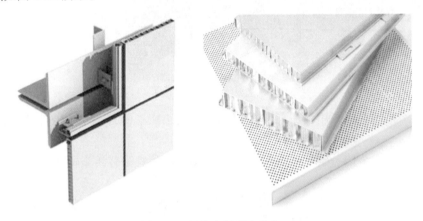

图 3-23 铝蜂窝板幕墙节点

3.3.1.3 铝塑复合板

铝塑复合板(又称铝塑板),自 20 世纪 80 年代末 90 年代初从德国引进到中国后,便以其经济性、可选色彩的多样性、便捷的施工方法、优良的加工性能,迅速受到人们的青睐。

铝塑复合板是一种三明治结构,由多层材料复合而成。上下层为高纯度铝合金板,中间为无毒低密度聚乙烯(PE)芯板。

用于室外的铝塑板正面涂氟碳树脂(PVDF)涂层,用于室内的铝塑板,正面可采用非氟碳树脂涂层。用于建筑幕墙的铝塑复合板上、下铝板的最小厚度不小于 0.50 mm,总厚度应不小于 4 mm,铝材材质应符合《一般工业用铝及铝合金板、带材》(GB/T 3880)的要求,一般要采用 3000、5000 等系列的铝合金板材,涂层应采用氟碳树脂。

3.3.1.4 钛锌板

钛锌板屋面/墙面材料的应用已有一个多世纪的历史,在欧洲使用比较普遍,不少建筑都采用钛锌板作为屋面材料。

屋面/墙面用的钛锌板是由高纯度金属锌(99.995%)与少量钛和铜熔炼而

成。锌可在表面形成致密的钝化保护层,是一种具有抗腐蚀性的金属材料,长期使用能保持金属光泽,寿命长,无需涂层保护。钛锌板幕墙如图 3-24 所示。

屋面/墙面用钛锌板的厚度在 0.5~0.9 mm,密度为 3.5~7.5 kg/m³。

图 3-24 钛锌板幕墙

3.3.1.5 铜及铜复合板

铜板在屋面和幕墙方面的应用可追溯到后中世纪的中欧,最古老而完整的铜屋顶是建于 1280 年的海尔德申姆哥特式教堂(Hildersheim Cathedral)。由于抗腐蚀、易于加工的特性和它独特、自然的外观效果,铜板非常适用作为屋面和幕墙,是一种高稳定、低维护的屋面和幕墙材料。国内铜幕墙的应用近几年刚刚兴起,如武汉琴台大剧院铜幕墙、中国农业银行数据中心铜幕墙、首都博物馆青铜幕墙(图 3-25)等。

图 3-25 首都博物馆铜板幕墙

铜塑复合板结构采用铜-塑-铝/铜的复合,比单铜板节约铜材,铜表面还可以经着色处理成铜绿色、古铜色等特殊颜色,获取的装饰效果更为华丽、高雅,铜塑板具有很强的杀菌性和优异的耐腐蚀性,平整,易于加工成型,使用寿命长。

3.3.2 金属板及复合板性能基本要求

金属与石材幕墙采用的铝合金板材的表面处理层厚度及材质应符合《建筑幕墙》(JG 3035)的有关规定。

铝板幕墙应根据幕墙面积、使用年限及性能要求,分别选用铝合金单板(称单层铝板)、铝塑复合板、铝合金蜂窝板(简称蜂窝铝板)。

对铝合金板材(单层铝板、铝塑复合板、蜂窝铝板)表面进行氟碳树脂处理时,应符合下列规定:

1. 氟碳树脂含量不应低于75%;海边及严重酸雨地区,可采用三道或四道氟碳树脂涂层,其厚度应大于40 μm;其他地区,可采用两道氟碳树脂涂层,其厚度应大于25 μm。

2. 氟碳树脂涂层应无起泡、裂纹、剥落等现象。

幕墙用单层铝板应符合《一般工业用铝及铝合金板、带材 第1部分:一般要求》(GB/T 3880.1)、《变形铝及铝合金牌号表示方法》(GB/T 16474)、《变形铝及铝合金状态代号》(GB/T 16475)中的规定且厚度不应小于2.5 mm。

铝单板表面处理层厚度应满足表3-24的要求。

表3-24 铝单板表面处理层厚度

表面处理方法			厚度 $t(\mu m)$	
			平均膜厚	最小局部膜厚
辊涂	氟碳	三涂	≥32	≥30
	聚酯、丙烯酸		≥16	≥14
液体喷涂	氟碳	三涂	≥40	≥34
		四涂	≥65	≥55
	聚酯、丙烯酸		≥25	≥20
粉末喷涂	氟碳		—	≥30
	聚酯		—	≥40
阳极氧化	AA15		≥15	≥12
	AA20		≥20	≥16
	AA25		≥25	≥20

铝塑复合板应符合下列规定:

1. 铝塑复合板的上下两层铝合金板的厚度均应为0.5 mm,铝合金板与夹心

第3章 铁路站房门窗幕墙用材料基本要求与检测

层的剥离强度标准值应大于 7 MPa。

2. 所用铝材符合《一般工业用铝及铝合金板、带材 第 2 部分:力学性能》(GB/T 3880.2)和《变形铝及铝合金化学成分》(GB/T 3190)中 3×××或 5×××系列的规定。

3. 板面涂层应采用氟碳含量大于 70% 的氟碳树脂。辊涂时,涂层平均厚度不应小于 32 μm,局部最小厚度不小于 30 μm;喷涂时,涂层平均厚度不应小于 40 μm,局部最小厚度不应小于 35 μm。

4. 铝复合板平均厚度(不包括涂层厚度)不应小于 4.0 mm。

蜂窝铝板应符合下列规定:

1. 应根据幕墙的使用功能和耐久年限的要求,分别选用厚度为 10 mm、12 mm、15 mm、20 mm 和 25 mm 的蜂窝铝板。

2. 厚度为 10 mm 的蜂窝铝板应由 1 mm 厚的正面铝合金板、0.5~0.8 mm 厚的背面铝合金板及铝蜂窝黏结而成;厚度在 10 mm 以上的蜂窝铝板,其正背面铝合金板厚度均应为 1 mm。

3. 铝单板宜采用 1×××系列、3×××系列和 5×××系列铝合金板材,所用铝及铝合金的化学成分应符合《变形铝及铝合金化学成分》(GB/T 3190)的规定,表面宜采用氟碳喷涂,氟碳树脂含量不应小于 70%。铝单板外观质量和性能指标应符合《建筑装饰用铝单板》(GB/T 23443)、《一般工业用铝及铝合金板、带材》(GB/T 3880.1~GB/T 3880.3)、《铝幕墙板 第 1 部分:基材》(YS/T 429.1)、《铝幕墙板 第 2 部分:有机聚合物喷涂铝单板》(YS/T 429.2)、《铝及铝合金彩色涂层板、带材》(YS/T 431)中的规定。

4. 铝蜂窝复合板宜采用 3×××系列和 5×××系列铝合金板,所用铝及铝合金的化学成分应符合《变形铝及铝合金化学成分》(GB/T 3190)的规定,表面涂层宜采用氟碳喷涂。铝板厚度及涂层厚度应满足表 3-25 的要求。

表 3-25 铝板厚度及涂层厚度

项 目				技术指标
铝板厚度(mm)	平均值			面板≥1.0 背板≥0.7
	最小值			面板≥0.9 背板≥0.6
装饰面涂层厚度(μm)	三涂	辊涂	平均值	≥32
			最小值	≥30
		喷涂	平均值	≥40
			最小值	≥35

铜及铜合金板应符合《铜及铜合金板材》(GB/T 2040)的规定。
钛合金板应符合《钛及钛合金板材》(GB/T 3621)规定。

3.4 建筑幕墙结构及密封材料

3.4.1 建筑幕墙结构及密封胶的种类

用于幕墙工程中的几种常用密封胶的名称及其用途和特点见表3-26。

表3-26 幕墙工程中的几种常用密封胶(按化学组成分类)

种 类	用途举例	优 点	缺 点
硅酮胶	玻璃幕墙结构粘结、中空玻璃二道密封、接缝密封	耐紫外老化,幕墙首选粘结密封材料	表面不能刷漆,普通硅酮胶容易吸附灰尘,造成垂流污染
聚氨酯胶	接缝密封	可以刷漆	不耐紫外老化,老化后表面出现裂纹,且不会粘玻璃
聚硫胶	中空玻璃二道密封	气体透过率低	不耐紫外老化,老化后变硬,且不粘玻璃
有机硅改性聚醚	接缝密封	可以刷漆	耐候性不如硅酮胶,老化后表面出现裂纹,且不粘玻璃

3.4.2 建筑幕墙结构密封胶质量要求

3.4.2.1 幕墙密封胶

用于幕墙上的密封胶,主要有硅酮密封胶、丙烯酸酯密封胶、聚氨酯密封胶和聚硫密封胶。聚硫密封胶和硅酮结构密封胶相容性能差,不适宜配合使用。

3.4.2.2 硅酮密封胶

《硅酮建筑密封胶》(GB/T 14683—2017)规定了玻璃和建筑接缝用硅酮密封胶的产品分类、要求、性能、试验方法等。

1. 分类

硅酮建筑密封胶按固化机理分为 A 型—脱酸(酸性)和 B 型—脱醇(中性)2 种。

硅酮建筑密封胶按用途分为为 G 类—镶嵌玻璃用和 F 类—建筑接缝用2 种。

2. 级别

产品按位移能力分为 25、20 两个级别,见表3-27。

表 3-27　密封胶级别(％)

级　　别	试验拉压幅度	位移能力
25	±25	25
20	±20	20

产品按拉伸模量分为高模量(HM)和低模量(LM)两个次级别。

3．外观

外观需满足如下要求：

(1)产品应为细腻、均匀膏状物，不应有气泡、结皮和凝结。

(2)产品的颜色与供需双方商定的样品相比，不应有明显区别。

4．理化性能

硅酮密封胶的理化性能应符合表 3-28 的需求。

表 3-28　硅酮密封胶的理化性能

序号	项　　目		技术指标			
			25HM	20HM	25LM	20LM
1	密度(g/cm³)		规定值±0.1			
2	下垂度(mm)	垂直	≤3			
		水平	无变形			
3	表干时间(h)		≤24			
4	挤出性(mL/min)		≥150			
5	弹性恢复率(％)		≥80			
6	拉伸模量(MPa)	23 ℃	>0.4 或>0.6		≤0.4 和≤0.6	
		−20 ℃				
7	定伸粘结性		无破坏			
8	紫外线辐照后粘结性		无破坏			
9	冷拉-热压后粘结性		无破坏			
10	浸水后定伸粘结性		无破坏			
11	质量损失率(％)		≤8			

注：允许采用供需双方商定的其他指标值。

3.4.2.3　聚氨酯建筑密封胶

《聚氨酯建筑密封胶》(JC/T 482—2022)规定了建筑接缝用聚氨酯建筑密封胶的质量要求如下：

1. 外观

(1)产品应为细腻、均匀膏状物或黏稠液,不应有泡。

(2)产品的颜色与供需双方商定的样品相比,不得有明显的差异;多组分产品各组分的颜色间应有明显差异。

2. 物理力学性能

聚氨酯建筑密封胶的物理力学性能应符合表 3-29 的规定。

表 3-29　聚氨酯密封胶物理力学性能

试验项目		技术指标		
		20HM	25LM	20LM
密度(g/cm³)		规定值±0.1		
流动性	下垂度(N)(mm)	≤3		
	流平性(L型)	光滑平整		
表干时间(h)		≤24		
挤出性(mL/min)		≥80		
适用性(h)		≥1		
弹性恢复率(%)		≥70		
拉伸模量(MPa)	23 ℃	>0.4 或>0.6	≤0.4 和≤0.6	
	−20 ℃			
定伸粘结性		无破坏		
浸水后定伸粘结性		无破坏		
冷拉-热压后的粘结性		无破坏		
质量损失率(%)		≤7		

3.4.2.4　幕墙玻璃接缝用密封胶

《幕墙玻璃接缝用密封胶》(JC/T 882—2001)对耐候密封胶的技术要求作了如下规定:

1. 外观

(1)产品应为细腻、均匀膏状物,不应有气泡、结皮和凝结。

(2)产品的颜色与供需双方商定的样品相比,不应有明显区别;多组分密封胶各组分的颜色应有明显差异。

2. 物理力学性能

幕墙玻璃接缝用密封胶的物理力学性能应符合表 3-30 的规定。

表 3-30　幕墙玻璃接缝用密封胶的物理力学性能

序号	项目		技术指标			
			25HM	20HM	25LM	20LM
1	下垂度(mm)	垂直	≤3			
		水平	无变形			
2	表干时间(h)		≤3			
3	挤出性(mL/min)		≥80			
4	弹性恢复率(%)		≥80			
5	拉伸模量(MPa)		>0.4 或 >0.6		≤0.4 和 ≤0.6	
6	定伸粘结性		无破坏			
7	冷拉-热压后粘结性		无破坏			
8	浸水后定伸粘结性		无破坏			
9	质量损失率(%)		≤10			

3.4.2.5　建筑用硅酮结构密封胶

在建筑幕墙上用的硅酮结构密封胶,其作用是将玻璃粘结在铝合金附框上。硅酮结构密封胶在长期服役期间,要受到玻璃自重、热效应、风载荷、气候变化及地震作用影响,这就要求硅酮结构密封胶必须有足够的粘结性能和足够的耐久性能。

《建筑用硅酮结构密封胶》(GB 16776—2005)对硅酮结构密封胶的技术要求作了如下规定:

1. 外观

(1)产品应为细腻、均匀膏状物,不应有气泡、结皮和凝结。

(2)双组分密封胶各组分的颜色应有明显差异。

2. 物理力学性能

产品的物理力学性能应符合表 3-31 的要求。

表 3-31　物理力学性能

序号	项目		指标
1	密度(g/cm³)	A 组分	规定值±0.1
		B 组分	规定值±0.1
2	下垂度	垂直(mm)	≤3
		水平	不变形

续上表

序号	项目		指标
3	表干时间(h)		≤3
4	适用期(min)		≥20
5	硬度(Shore A)		20～60
6	弹性恢复率(%)		≥80
7	拉伸粘结性	拉伸粘结强度(MPa)	≥0.60
		最大拉伸强度时伸长率(%)	≥50
		粘结破坏面积(%)	≤10
8	定伸粘结性		无破坏
9	水-紫外线处理后拉伸粘结性	拉伸粘结强度(MPa)	≥0.45
		最大控伸强度时伸长率(%)	≥40
		粘结破坏面积(%)	≤30
10	热空气老化后拉伸粘结性	拉伸粘结强度(MPa)	≥0.60
		最大拉伸强度时伸长率(%)	≥40
		粘结破坏面积(%)	≤30
11	热失重(%)		≤6.0
12	水蒸气透过率[g/(m^2·d)]		报告值

3. 撕裂强度

用《硫化橡胶或热塑性橡胶撕裂强度的测定(裤形、直角形和新月形试样)》(GB/T 529—2008)中新月形试样进行检测,要求不小于4.725 5 MPa。

4. 弹性模量

指密封胶应力与应变的关系,按密封胶的弹性模量特征,分为高模量密封胶、中模量密封胶与低模量密封胶。

对应于一给定的拉伸应力,高模量密封胶发生的应变比中模量和低模量密封胶要小,而大的应变对粘结会产生不利影响。

5. 硬度

《硫化橡胶或热塑性橡胶压入硬度试验方法》(GB/T 531—2008)规定了硬度试验方法,硅酮结构密封胶要求硬度值在(邵尔)25～45之间,并要求结构密封胶在低温时不变硬,高温时不软化。

(1)弹性恢复力

弹性恢复能力即被外力作用伸长(压缩)之后,能恢复到它原来的尺寸并保持粘结性能的能力。具有良好弹性恢复能力的密封胶,即使在反复伸缩活动之后也能保持其弹性。如果密封胶的弹性恢复能力不好，产生应力松弛现象，卸载后不能恢复到其原始位置，对其粘结效果的长久性会有影响。

3.4.2.6 中空玻璃双道密封胶

中空玻璃双道密封胶包括起密封作用的一道密封胶（主要材料为聚异丁烯密封胶）及起结构粘结作用的二道弹性密封胶，其主要材料包括硅酮结构密封胶及聚硫密封胶。由于聚硫密封胶的粘结强度及胶体本身强度远不及结构密封胶，且不耐紫外线作用，因此，聚硫密封胶只适用于明框玻璃幕墙上用的中空玻璃，不适合用于全隐框及半隐框的玻璃幕墙。

《中空玻璃用弹性密封胶》(GB/T 29755—2013)对中空玻璃用双道密封胶的技术要求作了如下规定：

1. 外观质量

(1)密封胶不应有粗粒、结块和结皮，无不易迅速均匀分散的析出物。

(2)双组分产品的各组分颜色应有明显的差别。

2. 物理性能

中空玻璃用弹性密封胶的物理性能应符合表 3-32 的规定。

表 3-32 中空玻璃用弹性密封胶的物理性能

序号	项目		指标
1	密度(g/cm³)	A 组分	规定值±0.1
		B 组分	规定值±0.1
2	下垂度	垂直(mm)	≤3
		水平	不变形
3	表干时间(h)		≤2
4	适用期ᵃ(min)		≥20
5	硬度(Shore A)		30~60
6	弹性恢复率(%)		≥80
7	拉伸粘结性	拉伸粘结强度(MPa)	≥0.60
		最大拉伸强度时伸长率(%)	≥50
		粘结破坏面积(%)	≤10
8	定伸粘结性		无破坏
9	水-紫外线处理后拉伸粘结性	拉伸粘结强度(MPa)	≥0.45
		最大拉伸强度时伸长率(%)	≥40
		粘结破坏面积(%)	≤30

续上表

序号	项 目		指 标
10	热空气老化后拉伸粘结性	拉伸粘结强度(MPa)	≥0.60
		最大拉伸强度时伸长率(%)	≥40
		粘结破坏面积(%)	≤30
11	热失重(%)		≤6.0
12	水蒸气透过率[g/(m²·d)]		报告值

注：中空玻璃用第二道密封胶使用时关注与相接触材料的相容性或粘结性，相接触材料包括一道密封胶、中空玻璃单元接缝密封胶、间隔条、密闭垫块等，试验参考 GB 16776—2005 和 GB 24266—2009 相应规定。
    a 适用期也可由供需双方商定

3.4.2.7 石材建筑密封胶

石材的接缝密封宜采用专用石材密封胶，且应符合《石材用建筑密封胶》(GB/T 23261)规定，其物理力学性能应满足表3-33要求。

表3-33 石材用建筑密封胶物理力学性能

项 目		技术指标						
		50HM	25HM	20HM	50LM	25LM	20LM	12.5E
下垂度(mm)	垂直	≤3						
	水平	无变形						
表干时间(h)		≤3						
挤出性(mL/min)		≥80						
弹性恢复率(%)		≥80						≥40
拉伸模量(MPa)	+23℃	>0.4 或 >0.6			≤0.4 和 ≤0.6			—
	−20℃							
定伸粘结性		无破坏						
冷拉-热压后粘结性		无破坏						
浸水后定伸粘结性		无破坏						
质量损失(%)		≤5.0						
污染性	污染宽度(mm)	≤2.0						
	污染深度(mm)	≤2.0						

3.4.2.8 聚氨酯建筑密封胶

聚氨酯建筑密封胶物理力学性能应符合《聚氨酯建筑密封胶》(JC/T 482)规定,并满足表 3-34 要求。

表 3-34 聚氨酯建筑密封胶物理力学性能

试验项目		技术指标		
		20HM	25LM	20LM
密度(g/cm^3)		规定值±0.1		
流动性	下垂度(N 型)	≤3 mm		
	流平性(L 型)	光滑平整		
表干时间(h)		≤24		
挤出性①(mL/min)		≥80		
适用期②(h)		≥1		
弹性恢复率(%)		≥70		
拉伸模量(MPa)	23 ℃	>0.4 或>0.6	≤0.4 和≤0.6	
	−20 ℃			
定伸粘结性		无破坏		
浸水后定伸粘结性		无破坏		
冷拉-热压后的粘结性		无破坏		
质量损失率(%)		≤7		

注:①此项仅适用于单组分产品。
②此项仅适用于多组分产品,允许采用供需双方商定的其他指标值。

3.4.2.9 石材幕墙用环氧胶粘剂

石材幕墙金属挂件与石材间粘接、固定和填缝的胶粘材料,应具有高机械性抵抗能力。干挂石材选用环氧胶粘剂时,应符合《干挂石材幕墙用环氧胶粘剂》(JC 887)规定,其物理力学性能应满足表 3-35 要求。

表 3-35 环氧胶粘剂物理力学性能

项 目	单 位	技术指标	
		快 固	普 通
适用期注	min	5～30	>30～90
弯曲弹性模量	MPa	≥2 000	

续上表

项目		单位	技术指标	
			快固	普通
冲击强度		kJ/m²	≥3.0	
拉剪强度(不锈钢-不锈钢)		MPa	≥8.0	
压剪强度	石材-石材 标准条件 48 h	MPa	≥10.0	
	石材-石材 浸水 168 h	MPa	≥7.0	
	石材-石材 热处理 80 ℃,168 h	MPa	≥7.0	
	石材-石材 冻融循环 50 次	MPa	≥7.0	
	石材-不锈钢 标准条件 48 h	MPa	≥10.0	

注:适用期指标也可由供需双方商定。

3.4.2.10 幕墙用密封胶条

幕墙用密封胶条宜采用三元乙丙橡胶、硅橡胶、氯丁橡胶。胶条应符合《建筑门窗、幕墙用密封胶条》(GB/T 24498)规定。橡胶材料应有良好的弹性和抗老化性能,并符合《工业用橡胶板》(GB/T 5574)规定。密封胶条应有成分化验报告和保证年限证书。

3.5 铝合金型材

铝合金型材是由铝合金基材并在其表面通过阳极氧化、电泳涂漆、粉末喷涂、氟碳喷涂等方式形成一层保护膜的材料,是玻璃幕墙上使用最广泛的结构支承材料。

3.5.1 铝合金牌号与状态

《变形铝及铝合金牌号表示方法》(GB/T 16474—2011)规定了变形铝及铝合金的牌号表示方法,根据变形铝及铝合金国际牌号注册协议组织推荐的国际四位数字体系牌号来命名。

按化学成分,已在国际牌号注册组织命名的铝及铝合金,直接采用国际四位数字体系牌号,国际牌号注册组织未命名的铝及铝合金,则按四位字符体系牌号命名,见表 3-36。

第3章 铁路站房门窗幕墙用材料基本要求与检测

表 3-36 铝及铝合金牌号表示法

组　　别	牌号系列
纯铝(铝含量不小于 99.00%)	1×××
以铜为主要合金元素的铝合金	2×××
以锰为主要合金元素的铝合金	3×××
以硅为主要合金元素的铝合金	4×××
以镁为主要合金元素的铝合金	5×××
以镁和硅为主要合金元素并以 Mg_2Si 相为强化相的铝合金	6×××
以锌为主要合金元素的铝合金	7×××
以其他合金元素为主要合金元素的铝合金	8×××
备用合金组	9×××

《变形铝及铝合金状态代号》(GB/T 16475—2008)规定了变形铝及铝合金的状态代号。基础状态代号用一个英文大写字母表示。基础状态分为五种,见表 3-37。

表 3-37 变形铝及铝合金的状态代号

代号	名　　称	说明与应用
F	自由加工状态	适用于在成型过程中,对于加工硬化和热处理条件无特殊要求的产品,该状态产品的力学性能不作规定
O	退火状态	适用于经完全退火获得最低强度的加工产品
H	加工硬化状态	适用于经过加工硬化提高强度的产品,产品在加工硬化后可经过(也可不经过)使强度有所降低的附加热处理,H 代号后面必须跟有两位或三位阿拉伯数字
W	固熔热处理状态	一种不稳定状态,仅适用于经固熔热处理后,室温下自然时效的合金,该状态代号仅表示产品处于自然时效阶段
T	热处理状态(不同于 F、O、H 状态)	适用于热处理后,经过(或不经过)加工硬化达到稳定状态的产品,T 代号后面必须跟有一位或多位阿拉伯数字

目前,门窗幕墙常用的主要是 6061(30 号锻铝)和 6063、6063A(31 号锻铝)高温挤压成型、快速冷却并人工时效(T5)或经固熔热处理(T6)状态的铝合金型材,再经阳极氧化(着色)或电泳喷涂、粉末喷涂、氟碳喷涂表面处理。

3.5.2 建筑用铝合金型材基本性能要求

3.5.2.1 化学成分

不同牌号的铝合金的化学成分应符合国家标准《变形铝及铝合金化学成分》

(GB/T 3190—2020)的相关规定。

铝合金化学成分不同,会导致型材综合性能的较大差异。例如,6063铝合金是以镁和硅为主要合金元素并以Mg_2Si相为强化相的铝合金系列中,具有中等强度可热处理的强化合金,镁的含量越高,Mg_2Si的数量就越多,热处理强化效果就越明显,型材的抗拉强度就越高,但变形抗力也随之增大,合金的塑性下降,加工性能较差,耐腐蚀性也降低;硅的数量增加,合金的晶粒变细,金属的流动性变大,加工性能提高,热处理强化效果增加,型材的抗拉强度提高,而塑性和耐腐蚀性就会降低。因此,优选铝合金化学成分是生产优质铝合金建筑型材的重要基础。

3.5.2.2 材质标准

铝合金建筑型材是铝合金门窗幕墙的主要材料,型材表面一般经阳极氧化(着色)、电泳喷涂、氟碳喷涂处理。铝合金牌号和供应状态应符合表3-38的要求。

表3-38 铝合金牌号及供应状态

铝合金牌号	供应状态
6005,6060,6063,6063A,6463,6463A	T5,T6
6061	T4,T6

如果同一建筑结构型材同时选用6005、6060、6061、6063等不同合金(或同一合金不同状态),采用同一工艺进行阳极氧化,将难以获得颜色一致的阳极氧化表面,如图3-26所示。建议选用合金牌号和供应状态时,充分考虑颜色不一致性对建筑结构的影响。

图3-26 颜色不一致的合金

3.5.2.3 壁厚尺寸及偏差

型材壁厚偏差应符合表 3-39 的规定,壁厚偏差等级由供需双方协定,但有装配关系的 6060-T5、6063-T5、6063A-T5、6463-T5、6463A-T5 型材壁厚偏差,应选择高精级和超高精度级。当壁厚偏差选择高精级和超高精度级时,其允许偏差值应在型材图样中注明,图样中不注明允许偏差值,但可以直接测量的壁厚,其偏差值按普通级别级执行。壁厚公称尺寸及允许偏差的各个面的壁厚偏差不大于相应的壁厚公差之半。型材截面各类尺寸如图 3-27 所示。

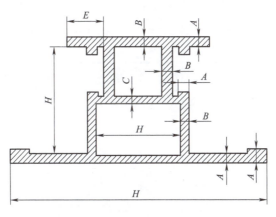

说明:
A——翅壁壁厚;
B——封闭空腔周壁壁厚;
C——两个封闭空腔间的隔断壁厚;
H——非壁厚尺寸;
E——对开口部位的H尺寸偏差有重要影响的基准尺寸。

图 3-27 型材截面

型材的壁厚采用相应精度的卡尺、千分尺等测量工具或专用仪器进行测量。壁厚允许偏差见表 3-39。

表 3-39 壁厚允许偏差(mm)

级别	公称壁厚	对应于下列外接圆直径的基材壁厚尺寸允许偏差,±					
		≤100		100～250		250～350	
		A	B,C	A	B,C	A	B,C
普通级	≤1.50	0.15	0.23	0.20	0.30	0.38	0.45
	1.50～3.00	0.15	0.25	0.23	0.38	0.54	0.57
	3.00～6.00	0.18	0.30	0.27	0.45	0.57	0.60

续上表

级别	公称壁厚	对应于下列外接圆直径的基材壁厚尺寸允许偏差，±					
		≤100		100～250		250～350	
		A	B,C	A	B,C	A	B,C
普通级	6.00～10.00	0.20	0.60	0.30	0.90	0.62	1.20
	10.00～15.00	0.20	—	0.30	—	0.62	—
	15.00～20.00	0.23	—	0.35	—	0.65	—
	20.00～30.00	0.25	—	0.38	—	0.69	—
	30.00～40.00	0.30	—	0.45	—	0.72	—
高精级	≤1.50	0.13	0.21	0.15	0.23	0.30	0.35
	1.50～3.00	0.13	0.21	0.15	0.25	0.36	0.38
	3.00～6.00	0.15	0.26	0.18	0.30	0.38	0.45
	6.00～10.00	0.17	0.51	0.20	0.60	0.41	0.90
	10.00～15.00	0.17	—	0.20	—	0.41	—
	15.00～20.00	0.20	—	0.23	—	0.43	—
	20.00～30.00	0.21	—	0.25	—	0.46	—
	30.00～40.00	0.26	—	0.30	—	0.48	—
超高精级	≤1.50	0.09	0.10	0.10	0.12	0.15	0.25
	1.50～3.00	0.09	0.13	0.10	0.15	0.18	0.25
	3.00～6.00	0.10	0.21	0.12	0.25	0.18	0.35
	6.00～10.00	0.11	0.34	0.13	0.40	0.20	0.70
	10.00～15.00	0.12	—	0.14	—	0.22	—
	15.00～20.00	0.13	—	0.15	—	0.23	—
	20.00～30.00	0.15	—	0.17	—	0.25	—
	30.00～40.00	0.17	—	0.20	—	0.30	—

3.5.2.4 角度及允许偏差

图样上有标注，且能直接测量的角度，其角度偏差应符合表3-40的规定，精度等级需在图样或合同中注明，未注明时 6060-T5、6063-T5、6063A-T5、6463-T5、6463A-T5 型材角度偏差按高精级执行，其他型材按普通级执行。不采用对称的"±"偏差时，正负偏差的绝对值之和应为表3-40中对应数值的2倍。

第3章 铁路站房门窗幕墙用材料基本要求与检测

表 3-40 横截面的角度允许偏差

级　　别	允许偏差(°)
普通级	±1.5
高精级	±1.0
超高精级	±0.5

型材图样上标注有倒角半径"r"字样时,倒角半径"r"应不大于 0.5 mm。要求倒角半径为其他数值时,应将该数值标注在图样上。型材图样上标注有圆角半径"R"值时,圆角半径的允许偏差应符合表 3-41 的规定。不同于表 3-41 规定时,应将偏差值标注在图样上。不采用对称的"±"偏差时,正负偏差的绝对值之和应为表 3-41 中对应数值的 2 倍。

表 3-41 圆角半径允许偏差

圆角半径 R(mm)	圆角半径的允许偏差(mm)
≤1.0	±0.3
1.0~5.0	±0.5
>5.0	±0.1R

型材横截面上的倒角(或过渡圆角)半径(r)及圆角半径(R)应采用相应精度的半径规等测量工具或专用仪器测量。倒角半径及圆角半径如图 3-28 所示。

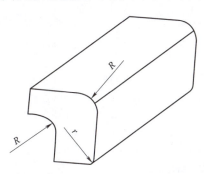

图 3-28 倒角(或过度圆角)半径 r 及圆角半径 R 示意图

3.5.2.5 外观质量

基材表面应整洁,不允许有裂纹、起皮、腐蚀和气泡等缺陷存在。

基材表面上允许有轻微的压坑、碰伤、擦伤存在时,其允许深度见表 3-42。模具挤压痕的深度见表 3-43。装饰面要在图纸中注明,未注明时按非装饰面执行。

表 3-42 基材表面缺陷允许深度(mm)

状　　态	缺陷允许深度	
	装 饰 面	非 装 饰 面
T5	≤0.03	≤0.07
T4,T6	≤0.06	≤0.10

表 3-43 模具挤压痕的允许深度(mm)

合金牌号	模具挤压痕深度
6005,6061	≤0.06
6060,6063,6063A,6463,6463A	≤0.03

3.5.2.6 力学性能

型材的室温力学性能应符合表 3-44 的规定,取样部位的公称壁厚小于 1.2 mm 时,不测定断后伸长率。

表 3-44 型材的室温力学性能

合金牌号	供应状态		壁厚(mm)	纵向拉伸试验结果				硬　　度		
				抗拉强度（MPa）	规定非比例延伸强度（MPa）	断后伸长率		试样厚度（mm）	维氏硬度（HV）	韦氏硬度（HW）
						A	A50 mm			
				不小于						
6005	T5		≤6.30	260	240	—	8	—	—	—
	T6	实心型材	≤5.00	270	225	—	6	—	—	—
			5.00~10.00	260	215	—	6	—	—	—
			10.00~25.00	250	200	8	6	—	—	—
		空心型材	≤5.00	255	215	—	6	—	—	—
			5.00~15.00	250	200	8	6	—	—	—
6060	T5		≤5.00	160	120	—	6	—	—	—
			5.00~25.00	140	100	8	6	—	—	—
	T6		≤3.00	190	150	—	6	—	—	—
			3.00~25.00	170	140	8	6	—	—	—
6061	T4		所有	180	110	16	16	—	—	—
	T6		所有	265	245	8	8	—	—	—
6063	T5		所有	160	110	8	8	0.8	58	8
	T6		所有	205	180	8	8	—	—	—

续上表

合金牌号	供应状态	壁厚(mm)	纵向拉伸试验结果				硬度		
			抗拉强度(MPa)	规定非比例延伸强度(MPa)	断后伸长率		试样厚度(mm)	维氏硬度(HV)	韦氏硬度(HW)
					A	A50 mm			
			不小于						
6063A	T5	≤10.00	200	160	—	5	0.8	65	10
		>10.00	190	150	5	4	0.8	65	10
	T6	≤10.00	230	190	—	5	—	—	—
		>10.00	220	180	4	4	—	—	—
6463	T5	≤50.00	150	110	8	6	—	—	—
	T6	≤50.00	195	160	10	8	—	—	—
6463A	T5	≤12.00	150	110	—	6	—	—	—
	T6	≤3.00	205	170	—	6	—	—	—
		3.00～12.00	205	170	—	8	—	—	—

拉伸试验按《金属材料拉伸试验方法》(GB/T 228—2002)规定的方法进行，断后伸长率按《金属材料拉伸试验方法》(GB/T 228—2002)中的条款仲裁；维氏硬度试验按《金属材料 维氏硬度试验 第1部分：试验方法》(GB/T 4340.1—2009)规定的方法进行；韦氏硬度试验按《铝合金韦氏硬度试验方法》(YS/T 420—2020)规定的方法进行。

3.5.3 建筑用铝合金型材表面处理技术要求

将金属或合金的制件作为阳极，采用电解的方法使其表面形成氧化物薄膜。

铝合金阳极氧化是将铝合金置于相应电解液(如硫酸、铬酸、草酸等)中作为阳极，在特定条件和外加电流作用下，进行电解。阳极的铝合金表面上形成氧化铝薄层，其厚度为 5～30 μm，硬质阳极氧化膜可达 25～150 μm。阳极氧化后的铝或其合金，提高了其硬度和耐磨性，氧化膜薄层中具有大量的微孔，可吸附各种润滑剂，适合制造发动机气缸或其他耐磨零件；膜微孔吸附能力强，可着色成各种美观艳丽的色彩。有色金属或其合金(如铝、镁及其合金等)都可进行阳极氧化处理，这种方法广泛用于机械零件、飞机汽车部件、精密仪器及无线电器材、日用品和建筑装饰等方面。铝合金氧化后表观如图 3-29 所示。

3.5.3.1 阳极氧化型材

《铝合金建筑型材 第2部分：阳极氧化型材》(GB/T 5237.2—2017)对阳极

图 3-29 氧化后呈现不同色彩的铝合金

氧化、着色型材膜进行了如下规定：

1. 基材质量、产品的化学成分、力学性能应符合《铝合金建筑型材 第 1 部分：基材》(GB/T 5237.1—2017) 的规定。

2. 产品的尺寸允许偏差(包括氧化膜在内)应符合《铝合金建筑型材 第 1 部分：基材》(GB/T 5237.1—2017) 的规定。

3. 阳极氧化膜的厚度级别应按表 3-45 的规定执行。

表 3-45 阳极氧化膜的厚度级别

氧化膜厚度等级	平均膜厚(μm)	局部膜厚(μm)
AA10	≥10	≥8
AA15	≥15	≥12
AA20	≥20	≥16
AA25	≥25	≥20

4. 阳极氧化膜的厚度级别应根据使用环境加以选择，可参考表 3-46 进行选择。

表 3-46 阳极氧化膜厚度级别所对应的使用环境

厚度等级	使用环境	应用举例
AA10	室外大气清洁、远离工业污染、远离海洋，室内一般情况下均可使用	车辆内外装饰件、室内外门窗等
AA15 AA20	存在有大气污染、酸或碱的气氛，潮湿或受雨淋，但都不十分严重；海洋性气候下服役	船舶、室外建筑材料、幕墙等
AA20 AA25	用于环境非常恶劣的地方；长期受大气污染、受潮或雨淋、摩擦，特别是表面可能发生凝霜的地方	船舶、幕墙、门窗、机械零件

5. 外观质量。产品表面不允许有电烫伤、氧化膜脱落等影响使用的缺陷。距型材端头 80 mm 以内允许有局部无膜或电烫伤。

3.5.3.2 电泳涂漆型材

《铝合金建筑型材 第3部分:电泳涂漆型材》(GB/T 5237.3—2017)对电泳涂漆复合膜的质量进行了如下规定:

1. 基材质量应符合《铝合金建筑型材 第1部分:基材》(GB/T 5237.1—2017)的规定。

2. 电泳涂漆型材去除膜层后的化学成分、室温力学性能应符合《铝合金建筑型材 第1部分:基材》(GB/T 5237.1—2017)的规定。

3. 电泳涂漆型材尺寸允许偏差(包括复合膜在内)符合《铝合金建筑型材 第1部分:基材》(GB/T 5237.1—2017)的规定。

4. 电泳涂漆型材厚度应符合表3-47中的规定。

表3-47 电泳涂漆型材厚度(μm)

级别	阳极氧化膜		漆膜	复合膜	
	平均膜厚	局部膜厚	平均膜厚		局部膜厚
A	≥10	≥8	≥12		≥21
B	≥10	≥8	≥7		≥16

注:在苛刻、恶劣环境条件下的室外用建筑构件应采用A级的型材;在一般环境条件下的室外用建筑构件、车辆用构件,可采用B级型材。

5. 阳极氧化膜的耐蚀性、漆膜的附着力和硬度以及复合膜的耐碱性应符合表3-48的要求。

表3-48 阳极氧化膜的耐蚀性

膜厚级别	阳极氧化膜		漆膜		复合膜				耐磨性(g)
	耐蚀性(CASS试验)		附着力等级	硬度	耐蚀性		耐碱性		
					CASS试验				
	试验时间(h)	保护等级(R)			时间(h)	保护等级(R)	时间(h)	保护等级(R)	
A	8	≥9	0	≥2H	48	≥9.5	24	≥9.5	≥3 000
B	8	≥9	0	≥2H	24	≥9.5	16	≥9.5	≥2 750

注:表中所指的阳极氧化膜是指型材在涂漆前经阳极氧化处理所形成的氧化膜,其耐蚀性的要求应在加工过程中予以保证,并作定期检查,不作为产品最终的检验项目。

6. 涂漆前型材的外观质量应符合《铝合金建筑型材 第2部分:阳极氧化型材》(GB/T 5237.2—2017)的有关规定。涂漆后的涂膜应均匀、整洁,不允许有皱纹、裂纹、气泡、流痕、夹杂物、发黏和漆膜脱落等影响使用的缺陷。但在电泳型材端头 80 mm 范围内允许局部无漆膜。

3.5.3.3 喷粉型材

《铝合金建筑型材 第 4 部分：喷粉型材》(GB/T 5237.4—2017)对粉末喷涂型材膜进行了如下规定：

粉末喷涂是用喷粉设备（静电喷塑机）把粉末涂料喷涂到工件的表面，在静电作用下，粉末会均匀地吸附于工件表面，形成粉状的涂层；粉状涂层经过高温烘烤流平固化，形成效果各异（粉末涂料的不同种类效果）的最终涂层，如图 3-30 所示。

图 3-30 颜色各异的喷粉型材

粉末喷涂的喷涂效果在机械强度、附着力、耐腐蚀、耐老化等方面优于喷漆工艺，但成本高于喷漆工艺。

喷粉型材的牌号和状态规格应符合《铝合金建筑型材 第 1 部分：基材》(GB/T 5237.1—2017)的规定，涂层种类为热固性饱和聚酯粉末涂层。

基材质量。喷粉型材用的基材应符合《铝合金建筑型材 第 1 部分：基材》(GB/T 5237.1—2017)的规定。

尺寸允许偏差。喷粉型材去掉涂层后，尺寸的允许偏差应符合《铝合金建筑型材 第 1 部分：基材》(GB/T 5237.1—2017)的规定，产品因涂层引起的尺寸变化应不影响装配和使用。

喷粉型材的化学成分、力学性能。喷粉型材去掉涂层后，其化学成分、室温力学性能应符合《铝合金建筑型材 第 1 部分：基材》(GB/T 5237.1—2017)的规定。

预处理。基材喷涂前，其表面应进行预处理，以提高涂层的附着力。化学转化膜应有一定的厚度，当采用铬化处理时，铬化转化膜的厚度应控制在 200～1 300 mg/m^2 范围内（用重量法测定）。

外观质量。喷粉型材装饰面上涂层应平滑、均匀,不允许有皱纹、裂纹、气泡、流痕、夹杂物、发黏等影响使用的缺陷。允许有轻微的橘色现象,其允许程度由供需双方商定的实物标样表明。

3.5.3.4 氟碳漆喷涂型材

《铝合金建筑型材 第5部分:喷漆型材》(GB/T 5237.5—2017)对氟碳漆喷涂型材进行了如下规定:

1. 喷漆型材的合金牌号、状态、规格

型材的合金牌号、状态、规格应符合《铝合金建筑型材 第1部分:基材》(GB/T 5237.1—2017)的规定,涂层种类应符合表3-49中的规定。

表3-49 氟碳漆喷涂种类

二层涂层	三层涂层	四层涂层
底漆加面漆	底漆、面漆加清漆	底漆、过渡漆、面漆加清漆

2. 基材质量

喷粉型材所用的基材应符合《铝合金建筑型材 第1部分:基材》(GB/T 5237.1—2017)的规定。

3. 喷漆型材的化学成分和力学性能

喷漆型材去掉涂层后,其化学成分、室温力学性能应符合《铝合金建筑型材 第1部分:基材》(GB/T 5237.1—2017)的规定。

4. 预处理

型材喷漆前,其表面应进行铬化处理,以提高基体与涂层的附着力。化学转化膜应有一定的厚度,当采用铬化处理时,铬化转化膜的厚度应控制在200～1 300 mg/m^{2}范围内(用重量法测定)。

5. 尺寸允许偏差

喷漆型材去掉漆膜后的尺寸允许偏差应符合《铝合金建筑型材 第1部分:基材》(GB/T 5237.1—2017)的规定,产品因涂层引起的尺寸变化应不影响装配和使用。

6. 涂层性能

(1)光泽。涂层的600光泽值应与合同规定一致,其允许偏差为±5个光泽单位。

(2)颜色和色差。涂层颜色应与合同规定的标准色板基本一致。使用仪器测定时,单色涂层与标准色板间的色差$\Delta E_{ab}^* \leqslant 1.5$,同一批产品之间的色差$\Delta E_{ab}^* \leqslant 1.5$。

(3)涂层厚度。喷漆型材装饰面上的漆膜厚度应符合表3-50的规定,非装饰面如需要喷漆应在合同中注明。

表 3-50 喷漆型材装饰面上的漆膜厚度（μm）

涂层种类	平均厚度	最小局部厚度
二涂	≥30	≥25
三涂	≥40	≥30
四涂	≥65	≥55

7. 外观质量

喷漆型材装饰面上的涂层应平滑、均匀，不允许有流痕、皱纹、气泡、脱落及其他影响使用的缺陷。

3.6 钢　　材

钢材在玻璃幕墙上得到了大量应用，是幕墙上起结构支承和连接的最主要材料之一。

钢型材、大跨度幕墙工程的钢结构支承结构、拉索式幕墙的钢拉索及拉杆、幕墙与主体结构之间的连接件等都采用钢材。

幕墙上使用的钢材以碳素结构钢、低合金钢和耐候钢为主。

常用钢型材有钢管、方钢、H型钢、槽钢等，常用各种型钢组合装配成钢桁架、钢柱等作为幕墙支撑，如图3-31所示。

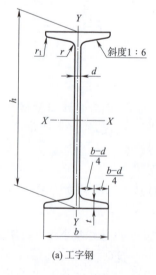

(a) 工字钢

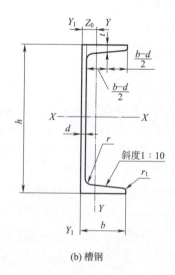

(b) 槽钢

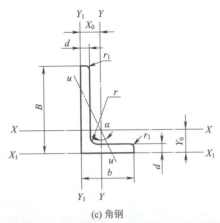

(c) 角钢

(d) 钢管

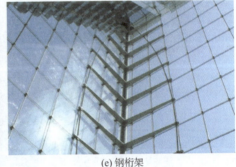

(e) 钢桁架

图 3-31 钢型材

《碳素结构钢》(GB 700—2006)规定了碳素结构钢的技术条件。

1. 牌号表示方法、代号和符号

钢的牌号由表示屈服点的字母、屈服点数值、质量等级符号、脱氧方法符号四个部分按顺序组成。其中 Q—钢材的屈服点；A、B、C、D—质量等级；F—沸腾钢，b—半镇静钢，Z—镇静钢，TZ—特殊镇静钢。

2. 钢的牌号和化学成分(熔炼分析)应符合表 3-51 的规定。

表 3-51 钢的牌号和化学成分表

牌号	统一数字代号[a]	等级	厚度(或直径)(mm)	脱氧方法	化学成分(质量分数)(%)，不大于				
					C	Si	Mn	P	S
Q195	U11952	—	—	F、Z	0.12	0.30	0.50	0.035	0.040
Q215	U12152	A		F、Z	0.15	0.35	1.20	0.045	0.050
	U12155	B							0.045

续上表

牌号	统一数字代号[a]	等级	厚度(或直径) mm	脱氧方法	化学成分(质量分数)%,不大于				
					C	Si	Mn	P	S
Q235	U12352	A	—	F、Z	0.22	0.35	1.40	0.045	0.050
	U12355	B			0.20[b]			0.045	0.045
	U12358	C		Z	0.17			0.040	0.040
	U12359	D		TZ				0.035	0.035
Q275	U12752	A	—	F、Z	0.24	0.35	1.50	0.045	0.050
	U12755	B	≤40	Z	0.21			0.045	0.045
			>40		0.22				
	U12758	C		Z				0.040	0.040
	U12759	D		TZ	0.20			0.035	0.035

注：
[a] 表中为镇静钢、特殊镇静钢牌号的统一数字，沸腾钢牌号的统一数字代号如下：
Q195F——U11950；
Q215AF——U12150，Q215BF——U12153；
Q235AF——U12350，Q235BF——U12353；
Q275AF——U12750。
[b] 经需方同意，Q235B的碳含量可不大于0.22%。

3. 钢材的拉伸和冲击试验应符合表 3-52 的规定。

表 3-52 钢材的拉伸和冲击试验

牌号	等级	屈服强度[a] R_{eH}(MPa),不小于					抗拉强度[b] R_m (MPa)	断后伸长率 A(%)不小于					冲击试验(V型缺口)	
		厚度(或直径)(mm)						厚度(或直径)(mm)					温度(℃)	冲击吸收功(纵向)(J)不小于
		≤16	>16~40	>40~60	>60~100	>100~150	>150~200		≤40	>40~60	>60~100	>100~150	>150~200		
Q195	—	195	185	—	—	—	—	315~430	33	—	—	—	—	—	—
Q215	A	215	205	195	185	175	165	335~450	31	30	29	27	26	—	—
	B													+20	27
Q235	A	235	225	215	215	195	185	370~500	26	25	24	22	21	—	—
	B													+20	27[c]
	C													0	
	D													−20	
Q275	A	275	265	255	245	225	215	410~540	22	21	20	18	17	—	—
	B													+20	27
	C													0	
	D													−20	

注：
[a] Q195 的屈服强度值仅供参考，不作交货条件。
[b] 厚度大于 100 mm 的钢材，抗拉强度下限允许降低 20 MPa。宽带钢(包括剪切钢板)抗拉强度上限不作交货条件。
[c] 厚度小于 25 mm 的 Q235B 级钢材，如供方能保证冲击吸收功值合格，经需方同意，可不作检验。

3.7 连接、紧固件及五金件

3.7.1 连接与紧固件

建筑幕墙由支承体系、面板体系及连接体系等组成,其中连接体系是将面板体系与主体结构粘结为一体的结构或构件。因此,在幕墙制作、安装过程中连接体系占有重要地位,连接体系质量的优劣,直接影响到玻璃幕墙的后期安全服役性能。

幕墙构件的连接,除隐框幕墙玻璃与铝框的连接采用硅酮结构密封胶连接外,其他通常用紧固件连接。

紧固件把两个以上的金属或非金属构件连接在一起,连接分为不可拆卸连接和可拆卸连接两类。铆合属于不可拆卸连接,螺纹连接属于可拆卸连接。

紧固件有普通螺栓、螺钉、螺柱、螺母以及抽芯铆钉等,如图 3-32 所示。

(a) 螺栓

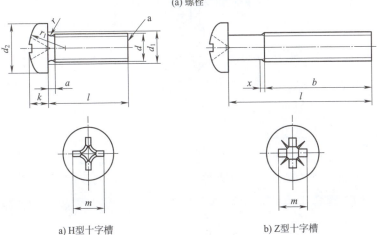

a) H型十字槽　　　　b) Z型十字槽

(b) 螺钉

(c) 自攻自钻钉

(d) 抽芯铆钉

图 3-32　紧固件

《紧固件机械性能　螺栓、螺钉和螺柱》(GB/T 3098.1—2010)规定了碳钢或合金钢制造的螺栓、螺钉和螺柱的机械性能。

1. 螺栓、螺钉和螺柱的机械物理性能见表 3-53。

表 3-53　螺栓、螺钉和螺柱的机械和物理性能

分项条号	机械性能和物理性能			性能等级									
				3.6	4.6	4.8	5.6	5.8	6.8	8.8		9.8	10.9	12.9
										$d \leqslant$ 16 mm	$d >$ 16 mm			
1	公称抗拉强度(MPa)			300	400		500		600	800	800	900	1 000	1 200
2	最小抗拉强度(MPa)			330	400	420	500	520	600	800	830	900	1 040	1 220
3	维氏硬度	min		95	120	130	155	160	190	250	255	290	320	385
		max			220				250	320	335	360	380	435
4	布氏硬度	min		90	114	124	147	152	181	238	242	276	304	366
		max			209				238	304	318	342	361	414
5	洛氏硬度	min	HRB	52	67	71	79	82	89					
			HRC	—						22	23	28	32	39
		max	HRB		95.0				99.5					
			HRC		—					32	34	37	39	44
6	表面硬度				—						—			
7	屈服点(MPa)	公称		180	240	320	300	400	480	—				
		min		190	240	340	300	420	480					

续上表

分项条号	机械性能和物理性能		性能等级									
			3.6	4.6	4.8	5.6	5.8	6.8	8.8		9.8	10.9	12.9
									$d \leq 16$ mm	$d > 16$ mm			
8	规定非比例伸长应力（MPa）		—					—	640	640	720	900	1 080
			—						640	660	720	940	1 100
9	保证应力	S_P/σ_S	0.94	0.94	0.91	0.93	0.90	0.92	0.91	0.91	0.90	0.88	0.88
		S_P（MPa）	180	225	310	280	380	440	580	600	650	830	970
10	破坏扭矩（N·m），min		—						按 GB/T 3098.13 规定				
11	断后伸长率（%），min		25	22	—	20	—		12	12	10	9	8
12	断后收缩率（%），min		—						52		48	48	44
13	楔负载		对螺栓和螺钉（不包括螺柱）实物进行测试，应符合相关规定										
14	冲击吸收功（J），min		—			25			30	30	25	20	15
15	头部坚固性		不得断裂										
16	螺纹未脱碳层的最小高度 G（mm）		—						$1/2H_1$			$2/3H_1$	$3/4H_1$
	全脱碳层的最大深度 E（mm）		—						0.015				
17	再回火后的硬度（HV）		—						回火前后硬度均值之差不大于 20 HV				
18	表面缺陷		按 GB/T 5779.1 或 GB/T 5779.3 规定										

注：表格中符号代表按《螺纹 术语》（GB/T 14791—2013）执行。

2.《螺纹紧固件应力截面积和承载面积》（GB/T 16823.1—1997）对螺纹紧固件应力截面积值作了规定。

3.《紧固件机械性能 螺母》（GB/T 3098.2—2015）规定了螺母的机械性能。

3.7.2 五金配件

3.7.2.1 开启扇五金件

幕墙开启窗所用开启五金，包括开启铰链构件、锁闭构件、风撑等。开启铰链应选用不锈钢材质，开启窗锁点宜选择多点构造。幕墙开启五金件如图 3-33 所示。

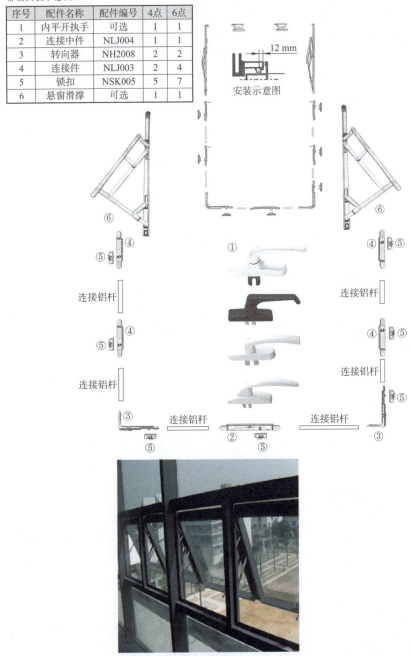

图 3-33 幕墙开启五金件

3.7.2.2 点支式幕墙用五金件

1. 肋夹板

肋夹板是用于点支式玻璃幕墙玻璃肋的五金件,用于连接面板与玻璃肋板或主体结构,可进行镜光、亚光、喷砂、氟碳喷涂等表面处理。材质宜采用不锈钢。点支式玻璃幕墙用肋夹板如图3-34所示。

图 3-34　点支式玻璃幕墙用肋夹板

2. 驳接头

驳接头是连接玻璃面板和驳接爪的重要五金件。

驳接头分为沉头式和浮头式两种,也可以根据安装的方式不同分为内装式驳接头和外装式驳接头。底座可绕球头螺栓转动,减小玻璃在面外荷载作用下连接点处的弯矩作用。点支式玻璃幕墙用驳接头如图3-35所示。

图 3-35　点支式玻璃幕墙用驳接头

3. 驳接爪

点支式玻璃幕墙连接组件由驳接头、驳接爪、转接件等组成,驳接爪支承驳接头,是传递面板荷载作用的重要配件。驳接爪形状多种多样,采用精密铸造工艺生产坯件,再进行机加工和表面抛光加工成成品。点支式玻璃幕墙用驳接爪如图3-36所示。

图 3-36　点支式玻璃幕墙用驳接爪

除了普通驳接爪之外,对于采用玻璃肋支承的点支式玻璃幕墙还采用肋式驳接爪,爪件通过螺栓固定在玻璃肋上,并依靠玻璃肋承受水平荷载以及玻璃自重。常见肋式驳接爪如图 3-37、图 3-38 所示。

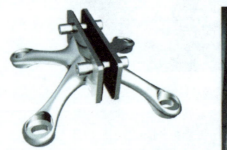 

图 3-37　幕墙肋式驳接爪

图 3-38　索网幕墙用肋式驳接爪

4. 拉索

拉索是拉索幕墙承力结构的主要材料,以不锈钢绞线、高钒绞线、索端锚具、不锈钢拉杆配合驳接件、特制夹具等组建受力支撑体系,如图 3-39 所示。

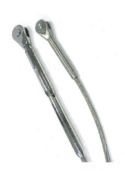

图 3-39　幕墙用不锈钢拉索

拉索在工程应用中会受到较大的拉伸变形,要求其材料有较高的断后伸长率,拉索的弹性模量与拉索的承载力和伸长量等都有直接的比例关系,弹性模量偏小时,伸长量较大,则索的线刚度较低、承载性能较差且不利于安装。索的弹性模量不宜小于 $1.1×10^5$ MPa。不锈钢拉索一般采用 304/316 不锈钢材料制作。当索锚具的表面有裂纹、划痕、凹凸、砂眼时,会导致产品受力性能下降。

不锈钢拉索分为可调端和固定端,可调端可以通过套筒调节拉索的松紧程度和拉索的长度。由于拉索的钢绞线和锚具接合部位是拉索承载力的一个受力薄弱环节,因此,需对拉索进行超张拉试验,验证拉索的整体力学性能。

因拉索在工程使用过程中,会经常受到交变疲劳荷载,需要对拉索也进行耐疲劳性能试验,以满足设计要求。

5. 索网夹具

索网夹具和不锈钢拉索一起组合使用,在拉索式幕墙中起到结构支承的作用,夹具形状各异,形成美观、通透的外观效果,如图 3-40 所示。

图 3-40　幕墙用索网夹具

6. 吊挂式玻璃幕墙支承装置

吊挂式全玻幕墙的玻璃面板采用吊挂支承,玻璃肋板也采用吊挂支承,幕墙玻璃重量都由上部结构梁承载,因此幕墙玻璃自然垂直,板面平整,在外部荷载作用下,整幅玻璃在一定限度内作弹性变形,可有效避免应力集中造成的玻璃破裂,如图 3-41 所示。

图 3-41 玻璃幕墙吊挂装置

7. 石材幕墙挂件

石材干挂件作为石材幕墙的主要配件,直接关系着幕墙的结构、安装、综合成本及美观,石材幕墙的干挂方法日益创新,从针销式、蝴蝶式等演变为至今的背栓式、背槽式等。

(1) 干挂钢挂件

早期的钢销式干挂件采用销针和垫板,在板材边沿开孔连接,在工程实践中发现,在应力集中处石材局部有裂碎现象,现已逐渐被其他方法代替。

常用的干挂件有平板型、挑件、T 形挂件等,采用该类挂件安装的石材幕墙,面板很难独立拆卸、不易维修,如图 3-42 所示。

图 3-42 石材钢挂件

(2)铝合金挂件

①SE 挂件

SE 挂件又称小单元组件,由一个主件和 S 型、E 型两个副件组成。主件与副件在滑槽内形成滑动配合,槽内设有贴在侧壁(一般在主件的右壁)上的橡胶条,以避免主件和副件的硬性接触。主件的平板上设有安装孔,与支承系统的次龙骨用螺栓连接。嵌板槽开口向上的为 S 型副件,嵌板槽开口向下的为 E 型副件。S 型副件与位于主件上面的滑槽配合,E 型副件与位于主件下面的滑槽配合。SE 干挂属于开槽式干挂方式。石材幕墙 SE 干挂件基本结构如图 3-43 所示。

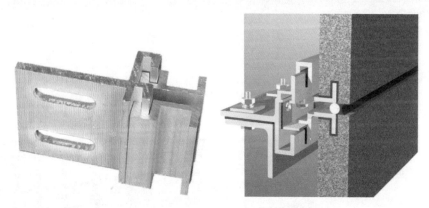

图 3-43　石材幕墙 SE 干挂件

SE 干挂件简化了石材幕墙安装方式,提高了安装质量和安装速度。小单元式组件可以在工厂中通过工业方式生产,提高了生产效率;石材面板和副件之间可以用石材干挂胶粘接。主件和副件的滑动配合方式,实现了石材幕墙可移动和可拆卸,方便了幕墙保养和维修。

②背栓式干挂件

石材幕墙目前多采用背栓式干挂法,即在石材面板背部打孔,安装专用后切式锚栓,与铝合金挂件组成幕墙干挂体系。背栓干挂法的板材独立受力,具有三维调节功能,施工安装方便,抗冲击性能好。背栓式铝合金挂件如图 3-44 所示。

8. 开窗器

(1)手动开窗器

手动开窗器一般包括开窗的执行部件(如美式摇杆剪式开窗件)、角连接件、操作部件、连杆和装饰盖板。

开窗执行部件决定了开窗的宽度、开窗器的承受重量和有无锁紧功能;角连接件是传动部件;操作部件可以是搬把或摇杆形式。手动开窗器适用于下悬内开

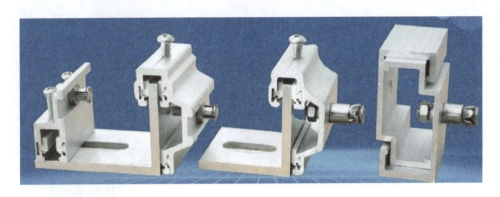

图 3-44 背栓式铝合金挂件

窗和上悬外开窗。

手动开窗器的形式主要有链式摇杆开窗器、手动曲臂开窗器、美式剪刀式摇杆开窗器等,如图 3-45 所示。

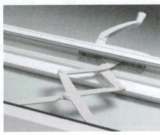

图 3-45 手动开窗器

(2)电动开窗器

电动开窗器是建筑幕墙高窗、采光顶等应用广泛的开窗执行机构,在实现了自动化和智能化的同时,也使建筑的功能得到延伸。

电动开窗器体积小、安装方便、控制简单,适用工作环境恶劣的场合。

电动开窗器行程可调,使用寿命可达数万次。

电动开窗器一般分为齿条式电动开窗器、链条式电动开窗器、螺杆式电动开窗器等。

①齿条式电动开窗器

是以齿条为传动方式的电动开窗器(图 3-46),多适用于天窗和大型立面窗等。开窗器一般具有过载保护功能,当电机遇到阻力无法打开或关闭时,电机会自动停止来保护自身的安全,极大地延长了开窗器的使用寿命。

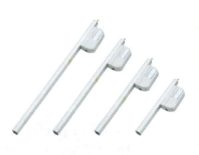 

图 3-46　齿条式电动开窗器

②链式电动开窗器

以链条为传动方式的电动开窗器,分为单链式和双链式开窗器,双链式开窗器主要适用于大型立面窗。链式开窗器占用空间小,主要应用于幕墙立面上悬窗或下悬窗及部分中悬窗等各类需开启通风或排烟的窗户,因结构小巧,特别适用于下悬窗开启,对于窗户较宽较大时应采用电动锁机构,保证窗户的密封性。链式开窗器可内置于窗框内,简洁、美观,如图 3-47、图 3-48 所示。

图 3-47　单链式电动开窗器

图 3-48　双链式电动开窗器

③螺杆式电动开窗器

螺杆式电动开窗器是以圆柱形直杆为驱动方式的开窗器,推拉力大,防护等级高,可达到 IP65 防护等级,防尘(潮)防雨水效果好,广泛用于室外使用,如上悬/中悬/下悬等各类需开启通风或排烟的窗户、电动遮阳百叶系统等,如图 3-49 所示。

图 3-49　螺杆式电动开窗器

④气动开窗器

气推式开窗器无需使用电源,可利用压缩空气或 CO_2 气体作为动力源,消防排烟的气动开窗是利用温感保险探测特定温度后,自动释放 CO_2 气罐中的气体,以推动窗户开启。

日常通风的气动开窗可直接采用压缩空气,通过电磁阀的控制气体推动气缸运动开启或关闭窗户。

第4章　铁路站房幕墙制作安装质量要求

建筑幕墙全生命周期的设计、材料、加工、生产、制作及安装施工、维护各环节均存在导致幕墙安全隐患的因素，影响幕墙的安全与可靠性。因此，对建筑幕墙进行安全评估时，对幕墙安装质量检验与复验是重要检测内容之一。

《玻璃幕墙工程技术规范》(JGJ/T 102—2003)、《建筑装饰装修工程质量验收规范》(GB 50210—2018)、《玻璃幕墙工程质量检验标准》(JGJ/T 139—2020)以及《建筑节能工程施工质量验收规范》(GB 50411—2007)规定了建筑幕墙的制作工艺、安装质量要求及检验方法，也适用于铁路站房的幕墙检查与检测。

本章对铁路站房幕墙的制作、安装质量的基本要求及检测项目、检测方法等进行了归纳和总结，为铁路站房幕墙现场检测、维护维修及管理人员提供参考。

4.1　玻璃幕墙工程质量要求及检验

4.1.1　幕墙组件制作工艺质量要求及检验

1. 构件式玻璃幕墙

幕墙框架竖向和横向构件的尺寸允许偏差应符合表4-1的要求。

表4-1　幕墙框架竖向和横向构件的尺寸允许偏差

构　件	材　料	允许偏差	检测方法
主要竖向构件长度	铝型材	±1.0 mm	钢卷尺
	钢型材	±2.0 mm	钢卷尺
主要横向构件长度	铝型材	±0.5 mm	钢卷尺
	钢型材	±1.0 mm	钢卷尺
端头斜度	—	−15′	量角器

玻璃面板边长尺寸允许偏差、对角线允许偏差应分别符合表4-2的要求。

表 4-2　玻璃面板边长尺寸允许偏差、对角线允许偏差

尺　寸	允许偏差（mm）		检测方法
	厚度 5～12 mm		
	边长≤2 000 mm	边长＞2 000 mm	
玻璃面板边长	±1.5	±2.0	钢卷尺
玻璃面板对角线	≤2.0	≤3.0	钢卷尺

钢化玻璃与半钢化玻璃板弯曲度应符合表 4-3 的要求。

表 4-3　钢化玻璃与半钢化玻璃板弯曲度

弯曲变形种类	弯曲度允许最大值		检测方法
	水平法	垂直法	
弓形变形（mm/mm）	0.3％	0.5％	钢卷尺
波形变形（mm/300 mm）	0.2％	0.3％	钢卷尺

夹层玻璃板的尺寸和对角线允许偏差应符合表 4-4 的要求。干法夹层玻璃的厚度允许偏差不能超过原片允许偏差和中间层允许偏差；中间层总厚度小于 2 mm 时，允许偏差不予考虑；中间层总厚度大于 2 mm 时，其允许偏差为 ±0.2 mm 之和，弯曲度不应超过 0.3％。

表 4-4　夹层玻璃板的尺寸和对角线允许偏差

尺　寸	允许偏差（mm）		检测方法
	边长≤2 000 mm	边长＞2 000 mm	
玻璃面板边长尺寸	±2.0	±2.0	钢卷尺
玻璃面板对角线	≤2.5	≤3.5	钢卷尺

中空玻璃板的边长、厚度尺寸允许偏差及对角线允许偏差应符合表 4-5 的要求。

表 4-5　中空玻璃板的边长、厚度尺寸允许偏差及对角线允许偏差

尺　寸	允许偏差（mm）			检测方法
	边长≤2 000 mm		边长＞2 000 mm	
	边长＜1 000 mm	1 000 mm≤边长＜2 000 mm		
玻璃面板边长尺寸	±2.0	+2.0 −3.0	±3.0	钢卷尺
玻璃面板对角线		≤2.5	≤3.5	钢卷尺

续上表

尺　寸		允许偏差（mm）		检测方法
		边长≤2 000 mm	边长>2 000 mm	
		边长<1 000 mm	1 000 mm≤边长<2 000 mm		
厚度	公称厚度 $T<22$ mm	±1.5		卡尺
	公称厚度 $T\geqslant22$ mm	±2.0		卡尺

单向热弯玻璃的尺寸和形状允许偏差应符合表 4-6、表 4-7 的要求。

表 4-6　热弯玻璃面板的高度和弧长允许偏差

尺寸(mm)		允许偏差(mm)	检测方法
高度	高度≤2 000	±3.0	钢卷尺
	高度>2 000	±5.0	钢卷尺
弧长	弧长≤1 500	±3.0	钢卷尺
	弧长>1 500	±5.0	钢卷尺

表 4-7　热弯玻璃面板的弧长吻合度

吻合度(mm)		检测方法
弧长≤2 400 mm	弧长>2 400 mm	钢卷尺
±3.0	±5.0	

明框玻璃幕墙玻璃面板与型材槽口的配合尺寸应符合表 4-8 的要求，最小配合尺寸如图 4-1 所示。尺寸应经过计算确定，满足玻璃面板温度变化和幕墙平面内变形的要求。玻璃定位垫块位置、数量应满足承载要求，玻璃面板与槽口之间应进行可靠的密封。

表 4-8　玻璃与槽口的配合尺寸

玻璃品种	厚度(mm)	a(mm)	b(mm)	c(mm)	检验方法
单层、夹层玻璃	6	≥3.5	≥15	≥5	卡尺
	8～10	≥4.5	≥16	≥5	
	12 以上	≥5.5	≥18	≥5	
中空玻璃	6+h+6	≥5	≥17	≥5	
	8+h+8	≥6	≥18	≥5	

注：1. 夹层玻璃以总厚度计算。
　　2. h 为空气层厚度。

隐框玻璃幕墙玻璃组件的结构胶宽度和厚度尺寸应符合设计要求，结构胶厚度

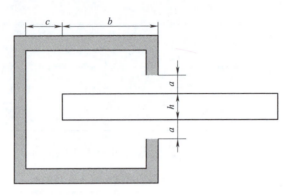

图 4-1 中空玻璃与槽口最小配合尺寸示意图

不宜小于 6 mm 且不宜大于 12 mm,宽度不宜小于 7 mm 且不宜大于厚度的 2 倍。

结构胶完全固化后,隐框玻璃幕墙玻璃组件的尺寸偏差应符合表 4-9 的要求。

表 4-9 隐框玻璃幕墙玻璃组件的尺寸偏差

项 目	尺寸范围(mm)	允许偏差(mm)	检测方法
框长宽尺寸	—	±1.0	钢卷尺
组件长宽尺寸	—	±2.5	钢卷尺
框接缝高度差	—	≤0.5	深度尺
框内侧对角线差及组件对角线差	长边≤2 000	≤2.5	钢卷尺
	长边>2 000	≤3.5	
框组装间隙	—	≤0.5	塞尺
胶缝宽度	—	+2.0 0	卡尺或钢板尺
胶缝厚度	≥6	+0.5 0	卡尺或钢板尺
组件周边玻璃与铝框位置差	—	≤1.0	深度尺
组件平面度	—	≤3.0	1 m 靠尺
组件厚度	—	±1.5	卡尺或钢板尺

2. 单元式幕墙

单元式幕墙单元框架组件装配尺寸允许偏差应符合表 4-10 的要求。

表 4-10 单元式幕墙单元框架组件装配尺寸允许偏差

项 目	尺寸范围(mm)	允许偏差(mm)	检测方法
框架长、宽尺寸	≤2 000	±1.5	钢卷尺
	>2 000	±2.0	

第4章　铁路站房幕墙制作安装质量要求

续上表

项　　目	尺寸范围(mm)	允许偏差(mm)	检测方法
分格长、宽尺寸	≤2 000	±1.5	钢直尺
	>2 000	±2.0	
对角线长度差	≤2 000	≤2.5	钢直尺
	>2 000	≤3.5	
同一平面高度差	—	≤0.5	深度尺
装配间隙	—	≤0.5	塞尺

单元式幕墙单元部件和单板组件的装配尺寸允许偏差应符合表 4-11 的要求。

表 4-11　单元式幕墙单元部件和单板组件的装配尺寸

项　　目	尺寸范围(mm)	允许偏差(mm)	检测方法
部件(组件)长度、宽度尺寸	≤2 000	±1.5	钢直尺
	>2 000	±2.0	
部件(组件)对角线长度差	≤2 000	±2.5	钢直尺
	>2 000	±3.5	
结构胶胶缝宽度	—	$^{+1.0}_{0}$	卡尺或钢直尺
结构胶胶缝厚度	—	$^{+0.5}_{0}$	卡尺或钢直尺
部件内单板间接缝宽度(与设计值比)	—	±1.0	卡尺或钢直尺
相邻两单板接缝面板高低差	—	≤1.0	深度尺
单元安装连接件水平、垂直方向装配位置	—	±1.0	钢直尺或钢卷尺

单元部件组装就位后幕墙的允许偏差应符合表 4-12 的要求。

表 4-12　单元部件组装就位后幕墙的允许偏差

项　　目		允许偏差(mm)	检测方法
竖缝及墙面垂直度(幕墙高度 H)	H≤30 m	≤10	经纬仪
	30 m<H≤60 m	≤15	
	60 m<H≤90 m	≤20	
	90 m<H≤150 m	≤25	
	H>150 m	≤30	
墙面平面度		≤2.5	2 m 靠尺

续上表

项　　目	允许偏差(mm)	检测方法
竖缝直线度	≤2.5	2 m 靠尺
横缝直线度	≤2.5	2 m 靠尺
单元间接缝宽度(与设计值比)	±2.0	钢直尺
相邻两单元接缝面板高低差	≤1.0	深度尺
单元对插配合间隙(与设计值比)	$^{+1.0}_{0}$	钢直尺
单元对插搭接长度	±1.0	钢直尺

3. 点支承玻璃幕墙

点支承玻璃幕墙用玻璃面板加工应符合下列要求:

(1)玻璃面板边缘和孔洞边缘应进行磨边及倒角处理,磨边宜用磨细,倒角宽度宜不小于 1 mm。

(2)孔中心至玻璃边缘的距离不应小于 2.5d(d 为玻璃的孔径),孔边与板边的距离不宜小于 70 mm;玻璃钻孔周边应进行可靠的密封处理,中空玻璃钻孔周边应进行多道密封处理。

(3)玻璃钻孔的允许偏差为:直孔直径$^{+0.5}_{0}$ mm,锥孔直径$^{+0.5}_{0}$ mm,夹层玻璃两孔同轴度为 2.5 mm。

(4)玻璃钻孔中心距离偏差不应大于 1.5 mm。

(5)单片玻璃边长允许偏差应符合表 4-13 的要求。

表 4-13　单片玻璃边长允许偏差

玻璃厚度(mm)	允许偏差(边长 L)(mm)			检测方法
	L≤1 000	1 000<L≤2 000	2 000<L≤3 000	
6	±1.0	$^{+1}_{-2}$	$^{+1}_{-3}$	钢卷尺
8,10,12,15	$^{+1}_{-2}$	$^{+1}_{-3}$	$^{+2}_{-3}$	
19	$^{+1}_{-2}$	±2.0	±3.0	

(6)中空玻璃的边长允许偏差应符合表 4-14 的要求。

表 4-14　中空玻璃的边长允许偏差

长度(mm)	允许偏差(mm)	检测方法
<1 000	±2.0	钢卷尺
1 000～2 000	$^{+2}_{-3}$	
>2 000	±3.0	

(7)夹层玻璃边长允许偏差应符合表 4-15 的要求。

表 4-15　夹层玻璃的边长允许偏差

总厚度 D(mm)	允许偏差(mm)		检测方法
	$L \leqslant 1\,200$ mm	$1\,200$ mm$<L \leqslant 2\,400$ mm	
$12<D \leqslant 16$	±2.0	±2.5	卡尺
$16<D \leqslant 24$	±2.5	±3.0	

注：总厚度 D 不包括胶片厚度。

(8)支承结构构件加工的允许偏差应符合表 4-16 的要求。

表 4-16　构件加工的允许偏差

名称	项目		指标			检测方法
钢拉索	长度偏差(mm)		<6 m	6～10 m	>10 m	专用拉伸测定仪
			±5.0	±8.0	±10.0	
	外观		表面光亮，无锈斑，钢绞线不允许有断丝及其他明显的机械损伤			目测
	钢索压管接头表面粗糙度		不宜大于 $Ra3.2$			
撑杆腹杆拉杆	长度偏差(mm)		±2.0	安装偏差	±2.0	卡尺
	螺纹精度		内外螺纹为 6H/6g			
	外观	喷丸处理	表面均匀、整洁			目测
		抛光处理	$Ra3.2$			
其他钢构件	长度、外观及孔位		符合 GB 50205 的规定			—

4. 全玻幕墙

全玻幕墙用单片玻璃边长允许偏差、中空玻璃的边长允许偏差、夹层玻璃的边长允许偏差应符合表 4-13～表 4-15 的要求。

5. 双层幕墙

双层幕墙的内、外层幕墙的组件加工工艺质量应满足对应的幕墙类型的要求，此外，双层幕墙的构造应符合下列要求：

(1)幕墙热通道尺寸应能够形成有效的空气流动，进、出风口分开设置；宜在幕墙热通道内设置遮阳系统。

(2)外通风双层幕墙进风口和出风口宜设置防虫网和空气过滤装置，宜设置电动或手动的调控装置，以便控制幕墙热通道的通风量，并能有效开启和关闭。

(3)外通风双层幕墙的内层幕墙或门窗宜采用中空玻璃；内通风双层幕墙的外层幕墙宜采用中空玻璃。

(4) 外层幕墙悬挑较多时，与主体结构的连接部位应进行承载力和刚度校核，幕墙结构体系应能承受附加检修荷载。

(5) 双层幕墙的内侧及热通道内的构配件应易于清洁和维护。

(6) 内通风双层幕墙应与建筑暖通系统结合设计。

4.1.2 玻璃幕墙节点与连接质量检验

节点与连接检验抽样规则如下：

1. 每副幕墙应按各类节点总数的 5% 抽样检验，且每类节点不应少于 3 个；锚拴应按总数的 0.5% 抽样检验，且每种锚拴不得少于 5 根。

2. 对已完成的幕墙金属框架，应提供隐蔽工程检验验收记录。当隐蔽工程检查记录不完整时，应对该幕墙工程的结点拆开进行检验。

3. 玻璃幕墙节点与连接项目的要求与检验方法见表 4-17。

表 4-17 建筑幕墙节点与连接项目的要求与检验方法

检验项目	相关规定	检验方法
预埋件与幕墙的连接	连接件、绝缘片、紧固件的规格、数量应符合设计要求； 连接件应安装牢固，螺栓应有防松脱措施； 连接件的可调节构造应用螺栓牢固连接，并有防滑措施，角码调节范围应符合使用要求； 连接件与预埋件之间的位置偏差在使用钢板或型钢焊接调整时，构造形式与焊缝应符合设计要求； 预埋件、连接件表面防腐层应完整，不破损	检验预埋件与幕墙连接、应在预埋件与幕墙连接节点处观察，手动检查，并采用分度值为 1 mm 的钢直尺和焊缝量规测量
锚拴的连接	使用锚拴进行锚固连接时，锚拴的类型、规格、数量、布置位置和锚固深度必须符合设计和有关标准的规定； 锚拴的埋设应牢固、可靠、不得露套管	用精度不大于全量程的 2% 的锚拴拉拔仪、分辨率为 0.01 mm 的位移计和记录仪检验锚拴的锚固性能； 观察检查锚栓埋设的外观质量，用分辨率为 0.05 mm 的深度尺测量锚固深度
幕墙顶部连接	女儿墙压顶坡度正确，罩板安装牢固，不松动、不渗漏、无空隙。女儿墙内侧罩板深度不应小于 150 mm，罩板与女儿墙之间的缝隙应使用密封胶密封； 密封胶注胶应严密顺直，粘结牢固，不渗漏，不污染相邻表面	检验幕墙顶部的连接时，应在幕墙顶部和女儿墙压顶部位手动和观察检查，必要时也可进行淋水试验
幕墙底部连接	镀锌钢材的连接件不得同铝合金立柱直接接触； 立柱、底部横梁及幕墙板块与主体结构之间应有伸缩空隙。空隙宽度不应小于 15 mm，并用弹性密封材料充填，不得用水泥砂浆或其他硬质材料充填； 密封胶应平顺严密、粘结牢固	幕墙底部连接的检验，应在幕墙底部采用分度值为 1 mm 的钢直尺测量和观察检查

续上表

检验项目	相关规定	检验方法
立柱连接	芯管材质、规格应符合设计要求； 芯管插入上下立柱的长度均不得小于 200 mm； 上下两立柱间的空隙不应小于 10 mm； 立柱的上端应与主体结构固定连接,下端应为可上下活动的连接	立柱连接的检验,应在立柱连接外观检查,并应采用分辨率为 0.05 mm 的游标卡尺和分度值为 1 mm 的钢直尺测量
梁、柱连接结点	连接件、螺栓的规格、品种、数量应符合设计要求。螺栓应有防松脱的措施,同一连接处的连接螺栓不应少于 2 个,且不需采用自攻螺钉； 梁、柱连接应牢固不松动,两端连接应设弹性橡胶垫片,或以密封胶密封； 与铝合金接触的螺钉及金属配件应采用不锈钢或铝制品	在梁、柱节点处观察和手动检查,并应采用分度值为 1 mm 的钢直尺和分辨率为 0.02 mm 塞尺测量
变形缝节点连接	变形缝构造、施工处理应符合设计要求； 罩面平整、宽窄一致,无凹凸和变形； 变形缝罩面与两侧幕墙结合处不得渗漏	在变形缝处观察检查,并采用淋水试验检查其漏水情况
全玻幕墙玻璃与吊夹具的连接	吊夹具和衬垫材料的规格、色泽和外观应符合设计要求； 吊夹具应安装牢固、位置准确； 夹具不得与玻璃直接接触； 夹具衬垫材料与玻璃应平整结合、紧密牢固	在玻璃的吊夹具处观察检查,并应对夹具进行力学性能检测
幕墙内排水构造	排水孔、槽应畅通不堵塞,接缝严密,设置应符合设计要求； 排水管及附件应与水平构件预留孔连接严密,与内衬板处的水孔连接处应设橡胶密封圈	在设置内排水的部位观察检测
拉杆(索)结构连接节点	所有杆(索)受力状态应符合设计要求； 焊接节点焊缝应饱满、平整光滑； 节点应牢固,不得松动,紧固件应有防松脱措施	在幕墙索杆部位观察检查,也可采用拉杆(索)张力测定仪对索杆的应力进行测试
点支承装置	点支承装置和衬垫材料的规格、色泽和外观应符合设计和标准要求； 点支承装置不得与玻璃直接接触,衬垫材料的面积不应小于点支承装置与玻璃的结合面； 点支承装置应安装牢固、配合严密	在点支承装置处观察检查

4.1.3　玻璃幕墙工程安装质量要求及检测

玻璃幕墙安装一般规定：

1. 幕墙所用的构件,必须经检验合格方可安装。
2. 玻璃幕墙安装,必须提交工程所采用的玻璃幕墙产品的空气渗透性能、雨水渗透性能和风压变形性能的检验报告，还应根据设计的要求，提交包括平面内变形性能、保温隔热性能等的检验报告。

3. 安装质量的抽检，应符合下列规定：①每幅幕墙均应按不同分格各抽查5％，且总数不得少于10个；②竖向构件或拼缝、横向构件或拼缝各抽查5％，且不应少于3条；开启部位应按种类各抽查5％，且每一种类不应少于3樘。

4. 预埋件和连接件的安装质量及检测。根据《玻璃幕墙工程质量检验标准》（JGJ/T 139—2020），幕墙预埋件和连接件的安装质量及检测方法见表4-18。

表 4-18 预埋件和连接件安装质量及检测

序号	检验项目	检验指标	检验方法
1	幕墙预埋件和连接件的数量、埋设方法及防腐处理	应符合设计要求	与设计图纸核对，也可打开连接部位进行检测
2	标高偏差	不超过±10 mm	水平仪、分度值为1 mm的钢直尺或钢卷尺
3	预埋位置与设计位置的偏差	不超过±20 mm	

5. 幕墙竖向构件的安装质量及检测

幕墙竖向构件的安装质量及检测方法见表4-19。

表 4-19 幕墙竖向构件的安装质量及检测方法

序号	检测项目		允许偏差（mm）	检测方法
1	构件整体垂直度	$h \leqslant 30$ m	≤10.0	用经纬仪测量，垂直于地面的幕墙，垂直度应包括平面内和平面外两个方向
		30 m＜$h \leqslant 60$ m	≤15.0	
		60 m＜$h \leqslant 90$ m	≤20.0	
		$h＞90$ m	≤25.0	
2	竖向构件直线度		≤2.5	用2 m靠尺、塞尺测量
3	相邻两竖向构件间距差距		≤3.0	用水平仪和钢直尺测量
4	同层构件标高偏差		≤5.0	用水平仪和钢直尺以构件顶端为测量面进行测量
5	相邻两竖向构件间距偏差		≤2.0	用钢卷尺在构件顶端测量
6	构件外表面平面度	相邻三构件	≤2.0	用钢直尺或激光全站仪测量
		$b \leqslant 20$ m	≤5.0	
		$b \leqslant 40$ m	≤7.0	
		$b \leqslant 60$ m	≤9.0	
		$b＞60$ m	≤10.0	

第4章　铁路站房幕墙制作安装质量要求

6. 幕墙横向构件的安装质量及检测

幕墙横向构件的安装质量及检测方法见表 4-20。

表 4-20　幕墙横向构件的安装质量及检测方法

序号	检验项目		允许偏差（mm）	检测方法
1	单个横向构件水平度	$l \leqslant 2$ m	$\leqslant 2.0$	用水平尺测量
		$l > 2$ m	$\leqslant 3.0$	
2	相邻两横向构件间差距	$s \leqslant 2$ m	$\leqslant 1.5$	用钢卷尺测量
		$s > 2$ m	$\leqslant 2.0$	
3	相邻两横向构件端部标高差		$\leqslant 1.0$	用水平仪、钢直尺测量
4	幕墙横向构件高度差	$b \leqslant 35$ m	$\leqslant 5.0$	用水平仪测量
		$b > 35$ m	$\leqslant 7.0$	

注：l 为长度；s 为间距；b 为幕墙宽度。

7. 幕墙分隔框对角线偏差及检测

幕墙分隔框对角线偏差及检测方法见表 4-21。

表 4-21　幕墙分隔框对角线偏差及检测方法

项目		允许偏差（mm）	检测方法
分隔框对角线偏差	$l_d \leqslant 2$ m	$\leqslant 3.0$	用对角尺或钢卷尺测量
	$l_d > 2$ m	$\leqslant 3.5$	

8. 玻璃幕墙的安装质量及检测

根据《玻璃幕墙工程质量检验标准》（JGJ/T 139—2018）的要求，玻璃幕墙相关项目的质量要求及检验方法见表 4-22～表 4-26。

表 4-22　明框玻璃幕墙安装质量及检测

检验项目	检验指标	检验方法
玻璃安装质量	玻璃与构件槽口的配合尺寸应符合设计及规范要求，玻璃嵌入量不得小于 15 mm。 每块玻璃下部应设不少于两块弹性定位块，垫块的宽度与槽口宽度相同，长度不应小于 100 mm，厚度不应小于 5 mm。 橡胶条镶嵌应平整、密实，橡胶条长度宜比边框内槽口长 1.5%～2.0%，其断口应留在四角，拼角处应粘结牢固。 不得采用自攻螺钉固定承受水平载荷的玻璃压条。压条的固定方式、固定点的数量应符合设计要求	观察检查、查验施工记录和质量保证资料；也可采用分度值为 1 mm 的钢直尺或分辨率为 0.5 mm 的游标卡尺测量垫块长度和玻璃嵌入量

续上表

检验项目	检验指标	检验方法
拼缝质量	金属装饰压板应符合设计要求,表面应平整,色彩应一致,不得有变形、波纹和凹凸不平,接缝应均匀严密。 明框拼缝外露框料或压板应横平竖直,线条通顺,并应满足设计要求。 当压板有防水要求时,必须满足设计要求;排水孔的形状、位置、数量应符合设计要求,且排水通畅	与设计图纸核对,采用观察检查和打开检查的方法检查拼缝质量

表 4-23 隐框玻璃幕墙安装质量及检测

检验项目		检验指标	检验方法
组件安装质量		玻璃板块组件必须安装牢固,固定点距离应符合设计要求且不宜大于 300 mm,不得采用自攻螺钉固定玻璃板块; 结构胶的剥离试验应符合标准要求; 隐框玻璃板块在安装后,幕墙的平面度允许偏差不应大于 2.5 mm,相邻两玻璃之间的接缝高低差不应大于 1 mm; 隐框玻璃板块下部应设置支承玻璃的托条,托条厚度不应小于 2 mm	在隐框玻璃与框架连接处采用 2 m 靠尺测量平面度,采用分度值为 0.05 mm 的深度尺测量接缝高低差,采用分度值为 1 mm 的钢直尺测量托条的厚度
拼缝质量	拼缝外观	横平竖直,缝宽均匀	观察检查
	密封胶施工质量	符合规范要求,填充密实、均匀、光滑、无气泡	查质保资料,观察检查
	拼缝整体垂直度	$h \leqslant 30$ m 时,$\leqslant 10$ mm 30 m $< h \leqslant 60$ m 时,$\leqslant 15$ mm 60 m $< h \leqslant 90$ m 时,$\leqslant 20$ mm $h > 90$ m 时,$\leqslant 25$ mm	用经纬仪或激光全站仪测量
	拼缝直线度	$\leqslant 2.5$ mm	用 2 m 靠尺测量
	缝宽度差(与设计值比)	$\leqslant 2$ mm	用卡尺测量
	相邻面板接缝高低差	$\leqslant 1$ mm	用深度尺测量

表 4-24　全玻幕墙和点支承玻璃幕墙安装质量及检测

检验项目	检验指标	检验方法
安装质量	幕墙玻璃与主体结构连接处应嵌入安装槽口内，玻璃与槽口的配合尺寸应符合设计和规范要求，其嵌入深度不应小于 18 mm。 玻璃与槽口间的空隙应有支承垫块和定位垫块，其材质、规格、数量和位置应符合设计和规范要求，不得用硬性材料充填固定。 玻璃肋的宽度、厚度应符合设计要求，并应嵌填平顺、密实、无气泡、不渗漏。 单片玻璃高度大于 4 m 时，应使用吊夹或采用点支承方式使玻璃悬挂。 点支承玻璃幕墙应使用钢化玻璃，不得使用普通浮法玻璃，玻璃开孔的中心位置距边缘距离应符合设计要求，并不得小于 100 mm。 点支承玻璃幕墙支承装置安装的标高偏差不应大于 3 mm，其中心线的水平偏差不应大于 3 mm，相邻两支承装置中心线间距偏差不应大于 2 mm。 支承装置与玻璃连接件的结合面水平偏差应在调节范围内，并不应大于 10 mm	用表面应力仪检测玻璃表面应力； 与设计图纸核对，查质量保证资料； 用水平仪、经纬仪检查高度偏差； 用分度值为 1 mm 的钢直尺或钢卷尺检查尺寸偏差
玻璃幕墙与周边密封质量	玻璃幕墙四周与主体结构之间的缝隙，应采用防火保温材料严密填塞。内外表面应采用密封胶连续密封，接缝处不得漏水，密封胶不应污染周围相邻表面。 幕墙转角、上下、侧边、封口及周边墙体的连接构造应牢固并满足密封防水要求，外表应整齐美观。 幕墙玻璃与室内装饰物之间的间隙不宜少于 10 mm	应核对设计图纸，观察检查，并用分度值为 1 mm 的钢直尺测量，必要时进行淋水试验

表 4-25　玻璃幕墙外观质量及检验

检验项目	检验指标	检验方法
玻璃幕墙外观质量	玻璃的品种、规格与色彩应符合设计要求，整幅幕墙玻璃颜色应基本均匀，无明显色差，色差不应大于 3CIELAB 色差单位，玻璃不应有发霉、镀膜玻璃氧化、变色、脱落等现象。 钢化玻璃表面不得有伤痕。 热反射玻璃膜面应无明显变色、脱落现象。 热反射玻璃膜面不得暴露于室外面。 型材表面应清洁、无明显擦伤、划伤；铝合金型材及玻璃表面不应有铝屑、毛刺、油斑、脱膜及其他污垢。 型材的色彩应符合设计要求并应均匀。	在较好的自然光下，距幕墙 600 mm 处观察表面质量，必要时用精度 0.1 mm 的读数显微镜观测玻璃、型材擦伤、划痕； 对热反射玻璃膜面，在光线明亮处，以手指按住玻璃面，通过实影、虚影判断膜面朝向； 观察检查玻璃颜色，也可用分光测色仪检验玻璃色差。

续上表

检验项目	检验指标	检验方法
玻璃幕墙外观质量	一个分格铝合金料表面质量指标应符合如下要求： (1)划伤、划痕深度小于氧化膜厚的2倍； (2)擦伤总面积小于等于500 mm²； (3)划伤总长度小于等于150 mm； (4)擦伤和划伤不超过4处。 幕墙隐蔽节点的遮封装修应整齐美观	

表4-26 开启部位安装质量及检测

检验项目	检验指标	检验方法
开启部位安装质量	开启窗、外开门应固定牢固，附件齐全，安装位置正确；窗、门框固定螺丝的间距应符合设计要求并不应大于300 mm，与端部距离不应大于180 mm；开启窗开启角度不宜大于30°，开启距离不宜大于300 mm；外开门应安装限位器或闭门器。 窗、门扇应开启灵活，端正美观，开启方向、角度应符合设计的要求；窗、门扇关闭应严密，间隙均匀，关闭后四周密封条均处于压缩状态。密封条接头应完好、整齐。 窗、门框的所有型材拼缝和螺钉孔宜注耐候胶，外表整齐美观。除不锈钢材料外，所有附件和固定件应做防腐处理。 窗扇与框搭接宽度不应大于1 mm	与设计图纸核对，观察检查，并用分度值为1 mm的钢直尺测量

4.2 石材幕墙工程质量要求及检验

4.2.1 石材面板加工与防护

石材类面板的加工应符合下列规定：

1. 石材类面板的尺寸偏差应符合《天然花岗石建筑板材》(GB/T 18601)、《天然大理石建筑板材》(GB/T 19766)、《天然砂岩建筑板材》(GB/T 23452)和《天然石灰石建筑板材》(GB/T 23453)标准中有关一等品或优等品的规定。

2. 石材面板宜用先磨后切工艺加工。

3. 镜面石材的光泽度应符合《天然花岗石建筑板材》(GB/T 18601)、《天然大理石建筑板材》(GB/T 19766)的相关规定。同一工程中镜面石材光泽度的差异应符合设计要求。

第4章 铁路站房幕墙制作安装质量要求

4. 火烧板应按样板检查火烧后的均匀程度，火烧石严禁有暗纹、崩裂现象。

5. 石材面板连接部位应无缺棱、缺角、裂纹等缺陷，其他部位缺棱不大于 5 mm×20 mm 或缺角不大于 20 mm 时可修补后使用，但每层修补的石材块数不应大于总数的 2‰，且宜用于视觉不明显部位；受力部位的缺损不得有修补。

6. 石材面板正面宜采用倒角处理，不宜小于 2 mm×45°。

7. 石材面板的端面可视时，石材厚度偏差不大于 0.5 mm。

8. 开放式石材幕墙的石材面板宜采用磨边处理。

9. 石材面板开槽、打孔后不得有损坏或崩裂现象。石材开槽、打孔后，应进行孔壁、槽口的清洁处理，避免石材与挂件之间粘接不牢或污物污染石材。为了达到良好的清洁效果，可根据残留物的种类选择有效的清洁方法。如果是石粉可用水清理。如果有油污可采用专用的油污清洗剂进行清洁。清洁时不得采用有机溶剂型清洁剂，如果使用有机溶剂可能使油污被带入石材内部进而造成石材的污染。为了保证石材面板的安装精度，应以石板的外视面作为开槽和开孔的基准面。

10. 短槽、通槽连接的石材面板连接挂件应采用铝合金或不锈钢材质；石材面板经切割或开槽等工序后均应将石屑用水冲干净，石材面板与不锈钢挂件间应采用环氧树脂型石材专用结构胶粘结；金属挂件安装到石材面板槽口内，在石材胶固化前应将挂件做临时固定；槽口应打磨成 45°倒角，槽内应光滑、洁净；应采用机械开槽，开槽锯片的直径不宜大于 350 mm。宜采用水平推进方式开槽，除个别增补槽口外，不应在现场采用手持锯片开槽；槽口长度方向的中位线与石材面板正面的偏差不宜大于 1 mm；石材面板槽口其他项目加工的允许偏差应符合表 4-27 的要求。

表 4-27 石材面板开槽加工允许偏差（mm）

序号	项 目	槽口类型	
		短 槽	通 槽
1	槽口深度	±1.5	±1.5
2	槽口有效长度	±2.0	—
3	槽口宽度	±0.5	±0.5
4	相邻槽口中心距	±2.0	—

11. 背栓连接式石材面板的加工，背栓直径允许偏差±0.4 mm，长度允许偏差±1.0 mm，直线度公差为 1 mm；背栓的螺杆直径不小于 6.0 mm。锚固深度不宜小于石材厚度的 1/2，也不宜大于石材厚度的 2/3；背栓孔宜采用专用钻孔机械成孔及专用测孔器检查，背栓孔允许偏差应符合表 4-28 要求；幕墙石材面板用背

栓与面板的连接应牢固可靠,背栓的安装方法和紧固力矩应符合背栓生产厂家的要求。石材面板转角组拼接应保证牢固,不应只采用粘接连接方式。

表 4-28 背栓孔加工允许偏差(mm)

项目	直孔		扩孔		孔位	孔距	孔位到短边的距离
	直径	孔深	直径	孔深			
允许偏差	+0.4 -0.2	±0.3	±0.3	±0.2	±0.5	±1.0	最小 50

12. 石材面板的防护应根据石材面板的种类、污染源的类型,合理选用石材防护剂;石材面板防护处理宜在工厂进行;防护剂涂装前,石材面板应在所有加工完成后经过充分自然干燥;应确保石材面板被防护的表面清洁、无污染;在防护作用生效前不得淋水或遇水;防护工作应在洁净环境中进行,温湿度条件应符合防护剂的技术要求。石材防护剂的选用要慎重,应根据石材颜色、石材本身的含铁量高低等因素,以及污染源的类型(酸性、油性等)合理选配最有效的防护剂类型。对于处在大气污染较严重或处在酸雨环境下的石材面板,应根据污染物的种类和污染程度及石材的矿物学性质、物理性质选用适当的防护产品对石材进行防护。

4.2.2 石材面板安装质量要求

石材面板的安装质量应满足表 4-29 中的要求。

表 4-29 石材面板安装质量要求

序号	项目		允许偏差(mm)		检查方法
			光面	麻面	
1	幕墙垂直度	高度 H≤30 m	≤10		经纬仪
		30 m<H≤60 m	≤15		
		60 m<H≤90 m	≤20		
		H>90 m	≤25		
2	幕墙水平度		≤3.0		水平仪
3	板块立面垂直度		≤3.0		水平仪
4	板块上沿水平度		≤2.0		1 m 水平尺,钢板尺
5	相邻板块板角错位		≤1.0		钢板尺
6	幕墙表面平整度		≤2.0	≤3.0	垂直检测尺
7	阴阳角方正		≤2.0	≤4.0	直角检测尺
8	接缝直线度		≤3.0	≤4.0	拉 5 m 线,不足 5 m 拉通线,用钢板尺检查

续上表

序号	项　目	允许偏差（mm）		检查方法
		光面	麻面	
9	接缝高低差	≤1.0	—	钢板尺,塞尺
10	接缝宽度	≤1.0	≤2.0	钢板尺

4.3　金属幕墙工程质量要求及检验

4.3.1　金属板加工

金属板材的品种、规格及色泽应符合设计要求,金属板材加工允许偏差应符合表 4-30 的规定。

表 4-30　金属板材加工允许偏差

项　目		允许偏差（mm）
边长	≤2 000 mm	±2.0
	>2 000 mm	±2.5
对边长度差	边长≤2 000 mm	2.5
	边长>2 000 mm	3.0
对角线长度差	长度≤2 000 mm	2.5
	长度>2 000 mm	3.0
折弯高度		+1.0 0
平面度		2/1 000
孔的中心距		±1.5

单层铝板折弯加工时,折弯外圆弧半径不应小于板厚的 1.5 倍;采用开槽折弯时,应控制刻槽深度,保留的铝材厚度不应小于 1.0 mm,并在开槽部位采取加强措施;单层铝板加强肋的固定可采用电栓钉、结构胶粘接,但应确保铝板外表面不变形、不褪色、固定牢固;加强肋与金属板折边应机械连接或焊接。

单层铝板的固定耳板应符合设计要求,固定耳板与金属板折边应采用机械连接,若金属板无折边,可采用焊接、铆接或螺栓连接在铝板上。耳板应位置准确、调整方便、固定牢固;铆接时宜采用不锈钢抽芯铆钉或实心铝铆钉;单层铝板折边的角部宜相互连接。

铝复合板的加工应机械铣槽。在切割铝复合板内层铝板和芯材时,不得划伤外层铝板的内表面;当铝复合板阴角转折时,刻槽应在内侧;铝复合板的打孔、切口等外露的芯材及角缝,应用中性密封胶密封;铝复合板的加工过程,应保持环境清洁、干燥,不得与水接触;加工后的铝复合板,严禁堆放在潮湿环境中;铝复合板的刨槽折边应采取加强措施。

蜂窝铝板的折边与折边交接处宜加强处理;蜂窝铝板的内板折边和外板折边间隙宜用中性密封胶密封(固定耳板除外);厚度不大于 1 mm 的面板和底板不宜刨槽;弯弧蜂窝铝板折边宜采用辊边工艺,若需铣缺,连接强度需满足设计要求。

不锈钢板折弯加工时,折弯外圆弧半径不应小于板厚的 2 倍;开槽折弯时,应严格控制刻槽深度并在开槽部位采取加强措施;不锈钢板加强肋电栓钉固定时,应使不锈钢板外表面不变形、不变色、固定可靠;不锈钢板加强肋端部与面板折边相交处应机械连接或焊接。

4.3.2 金属面板安装质量要求

金属面板安装质量应符合表 4-31 中的要求。

表 4-31 金属幕墙安装质量要求

序号	项 目		允许偏差(mm)	可选用工具
1	幕墙垂直度	高度 $H \leqslant 30$ m	$\leqslant 10$	经纬仪
		30 m$<H \leqslant 60$ m	$\leqslant 15$	
		60 m$<H \leqslant 90$ m	$\leqslant 20$	
		90 m$<H \leqslant 150$ m	$\leqslant 25$	
		$H>150$ m	$\leqslant 30$	
2	幕墙水平度	层高$\leqslant 3$ m	$\leqslant 3.0$	水平仪
		层高>3 m	$\leqslant 5.0$	
3	幕墙表面平整度		$\leqslant 2.0$	2 m 靠尺,塞尺
4	面板立面垂直度		$\leqslant 3.0$	垂直检测尺
5	面板上沿水平度		$\leqslant 2.0$	1 m 水平尺,钢板尺
6	相邻板材板角错位		$\leqslant 1.0$	钢板尺
7	阴阳角方正		$\leqslant 2.0$	直角检测尺
8	接缝直线度		$\leqslant 3.0$	拉 5 m 线,不足 5 m 拉通线,用钢板尺检查
9	接缝高低差		$\leqslant 1.0$	钢板尺,塞尺
10	接缝宽度		$\leqslant 1.0$	钢板尺

4.4 幕墙工程防雷及防火性能要求及检测

4.4.1.1 防雷要求及检测

建筑幕墙的防雷设计应符合现行国家标准《建筑物防雷设计规范》(GB 50057—2010)和《民用建筑电器设计规范》(JGJ/T 16—2008)的有关规定。

建筑幕墙工程防雷措施的检验抽样应符合下列规定:有均压环的楼层数少于或等于3层时,应全数检查;多于3层时,抽查不得少于3层;对于有女儿墙盖顶的必须检查,每层至少应检查3处。无均压环的楼层抽查不得少于2层,且每层至少应查3处。

《玻璃幕墙工程质量检验标准》(JGJ/T 139—2020)规定了玻璃幕墙的防雷检验项目和检验方法,见表4-32。

表 4-32 玻璃幕墙防雷检验项目和检验方法

序号	检验项目	检验指标	检验方法
1	玻璃幕墙金属框架连接	幕墙所有金属框架应互相连接,形成导电通路。 连接材料的材质、截面尺寸、连接长度必须符合设计要求; 连接接触面应紧密可靠,不松动	用接地电阻仪或兆欧表测量检查; 观察、手动试验,并用分度值为1 mm的钢卷尺、分辨率为0.05 mm的游标卡尺测量
2	玻璃幕墙与主体结构防雷装置连接	连接材质、截面尺寸和连接方式必须符合设计要求; 幕墙金属框架与防雷装置的连接应紧密可靠,应采用焊接或机械连接,形成导电通路。连接点水平间距不应大于防雷引下线的间距;垂直间距不应大于均压环的间距; 女儿墙压顶罩板宜与女儿墙部位幕墙框架连接,女儿墙部位幕墙框架与防雷装置的连接节点宜明露,其连接应符合设计的规定	在幕墙框架与防雷装置连接部位,采用接地电阻仪或兆欧表测量和观察检查

建筑幕墙是附属于主体建筑的围护结构,幕墙的金属框架一般不单独做防雷接地,而是利用主体结构的防雷体系,与建筑本身的防雷设计相结合,因此要求应与主体结构的防雷体系可靠连接,并保持导电畅通。在进行幕墙的防雷设计和施工中应注意以下几个方面:

1. 建筑幕墙应形成自身的防雷网,在幕墙防雷设计中,应充分考虑幕墙、门窗洞口的防雷装置引出线与主体结构的防雷体系有可靠的连接,且接地电阻不宜超过10 Ω。

2. 建筑物每隔 3 层要装设均压环,环间垂直距离不应大于 12 m,均压环内的纵向钢筋必须采用焊接连接并与接地装置连通,所有引下线、建筑物的金属结构和金属设备均应连接到环上;幕墙立面上,水平方向每 8 m 以内位于未设均压环楼层的立柱,必须与固定在设均压环楼层的立柱连通。

3. 根据《建筑物防雷设计规范》(GB 50057—2010),幕墙防侧雷击措施如下:一类防雷建筑物从 30 m 起每隔不少于 6 m,沿建筑物四周设水平避雷针带并与引下线相连;30 m 以上幕墙的金属物与防雷装置连接。应将二类防雷建筑物 45 m 以上、三类防雷建筑物 60 m 以上幕墙的金属物与防雷装置连接。

4. 对设有许多较重要的敏感电子系统,如通信设备、电子计算机、电子控制系统等现代化设备的建筑物,为了增强屏蔽作用,可将防侧雷击和等电位措施从地面首层做起,即将首层以上的外墙上的建筑幕墙、铝合金门窗、金属栏杆等较大金属物与防雷装置连接。

5. 幕墙防雷做法。幕墙位于均压环处的预埋件的锚筋必须与均压环处的梁的纵向钢筋连通,固定在设压环楼层的立柱必须与均压环连通;位于均压环处与梁纵筋连通的立柱上的横梁必须与立柱连通。

6. 幕墙的防雷可用避雷带或避雷针,由建筑物防雷系统统一考虑。建筑幕墙位于女儿墙外侧时可沿屋顶周边设避雷带,其安装位置略为突出女儿墙顶部外围;也可用屋顶其他明设金属物作为接闪器;也有直接利用建筑幕墙与女儿墙之间的封顶金属板做接闪器,这时要求金属板厚度大于 0.5 mm,板与板之间的搭接长度大于 100 mm;金属板无绝缘覆盖层时,金属板与女儿墙内的钢筋应连接成电器通路。在女儿墙部位,幕墙构架与避雷带装置的连接节点应明露。

7. 幕墙避雷导线与铝合金材料连接时应满足电位要求。当用铜质材料与铝合金材料连接时,铜质材料外表面应经热镀锌处理。导线连接接触面应紧密可靠不松动。

8. 防雷金属连接件应具有防锈功能,其最小横截面面积应满足:铜 16 mm^2、铝 32 mm^2、钢材 25 mm^2。不宜采用单股线绳作为接地连接。

4.4.1.2　防火要求及检测

幕墙用玻璃为典型的脆性材料,防火性能差,高温时容易发生破裂而造成幕墙面板脱落,且火焰从幕墙破碎处的外侧向上窜至上层墙面烧裂幕墙面板后,窜入到室内,从而造成更大的财产损失和人员伤亡。

垂直建筑幕墙与建筑主体结构各楼层水平楼板之间往往存在间隙,如果未经处理或处理不当,当发生火灾时,浓烟会从缝隙处向上层扩散,造成人员窒息,且火焰也可通过缝隙上窜到上层,造成更大的危害。幕墙的防火不当不但严重影响

第4章 铁路站房幕墙制作安装质量要求

建筑物的使用安全性,还严重危害人民生命财产安全和其他公众利益。

幕墙防火性能检测是评价玻璃幕墙安全性的一项非常重要的内容。

《高层民用建筑设计防火规范》(GB 50045—2001)对玻璃幕墙的防火作了专门的规定,要求玻璃幕墙的设置应符合下列防火安全要求:

1. 窗间墙、窗槛墙的充填材料应采用非燃烧材料。当外墙面采用耐火极限不低于1 h的非燃烧材料时,其墙内充填材料可采用难燃材料。

2. 无窗间墙、门槛墙的玻璃幕墙,应在每层楼板外沿设置不低于120 cm高的实体墙裙。

3. 建筑幕墙与每层楼板、隔墙处的缝隙,必须用非燃烧材料严密填实。

4. 《玻璃幕墙工程质量检验标准》(JGJ/T 139—2020)规定了玻璃幕墙工程防火构造的抽查规定、检测项目和检测方法。标准规定了玻璃幕墙工程的防火构造应符合现行国家标准《建筑设计防火规范》(GB 50016—2014)、《建筑物内部装修设计防火规范》(GB 50222—2017)的有关规定。

5. 玻璃幕墙的工程防火构造应按防火分区总数抽查5%,并不得少于3处。

6. 建筑幕墙的防火检测项目和检测方法见表4-33。

表4-33 建筑幕墙的防火检测项目和检测方法

序号	项目	检测指标	检测方法
1	幕墙防火构造	幕墙与楼板、墙、柱之间应按设计要求设置横向、竖向连续的防火隔断; 对高层建筑无窗间墙和窗槛墙的玻璃幕墙,应在每层楼板外沿设置耐火极限不低于1.0 h、高度不低于1.2 m的不燃烧实体墙裙; 同一块幕墙玻璃不宜跨两个防火分区	在幕墙与楼板、墙、柱、楼梯间隔断处,采用观察的方法进行检测
2	幕墙防火节点	幕墙防火节点构造必须符合设计要求; 防火材料的品种、耐火等级应符合设计和标准的规定; 防火材料应安装牢固,无遗漏,并应严密无缝隙; 镀锌钢衬板不得与铝合金型材直接接触,衬板就位后,应进行密封处理; 防火层与幕墙和建筑主体结构间的缝隙必须用防火密封材料严密封闭	在幕墙与楼板、墙、柱、楼梯间隔断处,采用观察、触摸的方法进行检测
3	防火材料铺设	防火材料的品种、材质、耐火等级和铺设厚度,必须符合设计的规定;搁置防火材料的镀锌钢板厚度不宜小于1.2 mm; 防火材料的铺设应饱满、均匀、无遗漏,厚度不宜小于70 mm; 防火材料不得与幕墙玻璃直接接触,防火材料朝玻璃面处宜采用装饰材料覆盖	在幕墙与楼板和主体结构之间用观察和触摸的方法进行检测,并采用分度值为1 mm的钢直尺和分辨率为0.05 mm的游标卡尺测量

第 5 章 铁路站房幕墙性能及技术要求

5.1 幕墙的性能要求

幕墙的性能要求主要有气密性能、水密性能、抗风压性能、平面内变形性能、热工性能、隔声性能、耐撞击性能、抗震性能、防火防性能等几方面。下面分别说明对各项性能的具体要求。

5.1.1 气密性能要求

气密性是建筑幕墙的最基本的物理功能之一。

建筑的通风换气要求幕墙需开设开启窗,这就必然产生开启窗扇和窗框之间的开启缝隙。另外,建筑幕墙是由多种构件组装而成的,必定存在安装缝隙,在室内外压差作用下,这些缝隙就会出现空气渗透现象,就会引起室内温度波动,造成能源浪费,同时也会影响室内环境卫生,给人们的生产、生活和工作带来一定困难。所以,保证幕墙的气密性是进行幕墙设计和施工的重要工作内容之一。

建筑幕墙的气密性能应符合《民用建筑热工设计规范》(GB 50176—2016)、《公共建筑节能设计标准》(GB 50189—2015)、《居住建筑节能检测标准》(JGJ/T 132—2009)、《夏热冬冷地区居住建筑节能设计标准》(JGJ 134—2010)、《严寒和寒冷地区居住建筑节能设计标准》(JGJ 26—2018)的有关规定,并满足相关节能标准的要求。一般情况可按表 5-1 确定。

表 5-1 建筑幕墙气密性能设计指标一般规定

地区分类	建筑层数、高度	气密性能分级	气密性能指标小于	
			开启部分 q_L [m³/(m·h)]	幕墙整体 q_A [m³/(m²·h)]
夏热冬暖地区	10 层以下	2	2.5	2.0
	10 层及以上	3	1.5	1.2
其他地区	7 层以下	2	2.5	2.0
	7 层及以上	3	1.5	1.2

开启部分气密性能分级指标 q_L 应符合表 5-2 的要求。

表 5-2 建筑幕墙开启部分气密性能分级表 $[m^3/(m \cdot h)]$

分级代号	1	2	3	4
分级指标值 q_L	$4.0 \geqslant q_L > 2.5$	$2.5 \geqslant q_L > 1.5$	$1.5 \geqslant q_L > 0.5$	$q_L \leqslant 0.5$

幕墙整体(含开启部分)气密性能分级指标 q_A 应符合表 5-3 的要求。

表 5-3 建筑幕墙整体气密性能分级表 $[m^3/(m^2 \cdot h)]$

分级代号	1	2	3	4
分级指标值 q_A	$4.0 \geqslant q_A > 2.0$	$2.0 \geqslant q_A > 1.2$	$1.2 \geqslant q_A > 0.5$	$q_A \leqslant 0.5$

5.1.2 水密性能要求

建筑幕墙的水密性指标按如下方法确定：

1.《建筑气候区划标准》(GB 50178—1993)中，ⅢA 和ⅣA 地区，即热带风暴和台风多发地区按下式计算，且固定部分不宜小于 1 000 Pa，可开启部分与固定部分同级。

$$P = 1\ 000\mu_z\mu_s w_0 \tag{5-1}$$

式中　P——水密性能指标(Pa)；

　　　μ_z——风压高度变化系数，应按《建筑结构荷载规范》(GB 50009)的有关规定采用；

　　　μ_s——风力系数，可取 1.2；

　　　w_0——基本风压(kPa)，应按《建筑结构荷载规范》(GB 50009)的有关规定采用。

2. 其他地区可按式(5-1)计算值的 75% 进行设计，且固定部分取值不宜低于 700 Pa，可开启部分与固定部分同级。

水密性能分级指标值应符合表 5-4 的要求。

表 5-4 建筑幕墙水密性能分级表

分级代号		1	2	3	4	5
分级指标值 ΔP(Pa)	固定部分	$500 \leqslant \Delta P < 700$	$700 \leqslant \Delta P < 1\ 000$	$1\ 000 \leqslant \Delta P < 1\ 500$	$1\ 500 \leqslant \Delta P < 2\ 000$	$\Delta P \geqslant 2\ 000$
	可开启部分	$250 \leqslant \Delta P < 350$	$350 \leqslant \Delta P < 500$	$500 \leqslant \Delta P < 700$	$700 \leqslant \Delta P < 1\ 000$	$\Delta P \geqslant 1\ 000$

注：5 级时需同时标注固定部分和开启部分 ΔP 的测试值。

有水密性要求的建筑幕墙在现场淋水试验中,不应发生雨水渗漏现象。开放式幕墙的水密性能不做要求。

5.1.3 抗风压性能要求

幕墙的抗风压性能指标应根据幕墙所受的风荷载标准值 W_k 确定,其指标值不应低于 W_k,且不应小于 1.0 kPa。W_k 的计算应符合《建筑结构荷载规范》(GB 50009)的规定。

在抗风压性能指标值作用下,幕墙的支承体系和面板的相对挠度和绝对挠度不应大于表 5-5 的要求。

表 5-5 幕墙支承结构、面板相对挠度和绝对挠度要求

支承结构类型		相对挠度(L 跨度)	绝对挠度(mm)
构件式玻璃幕墙 单元式幕墙	铝合金型材	L/180	20(30)*
	钢型材	L/250	20(30)*
	玻璃面板	短边距/60	—
石材幕墙、金属板幕墙 人造板材幕墙	铝合金型材	L/180	—
	钢型材	L/250	—
点支承玻璃幕墙	钢结构	L/250	—
	索杆结构	L/200	—
	玻璃面板	长边孔距/60	—
全玻幕墙	玻璃肋	L/200	—
	玻璃面板	跨距/60	—

注:* 括号内数据适用于跨距超过 4 500 mm 的建筑幕墙产品。

开放式建筑幕墙的抗风压性能应符合设计要求。抗风压性能分级指标 P_3 应符合表 5-6 的要求。

表 5-6 建筑幕墙抗风压性能分级表

分级代号	1	2	3	4	5
分级指标值 P_3(kPa)	$1.0 \leqslant P_3 < 1.5$	$1.5 \leqslant P_3 < 2.0$	$2.0 \leqslant P_3 < 2.5$	$2.5 \leqslant P_3 < 3.0$	$3.0 \leqslant P_3 < 3.5$
分级代号	6	7	8	9	—
分级指标值 P_3(kPa)	$3.5 \leqslant P_3 < 4.0$	$4.0 \leqslant P_3 < 4.5$	$4.5 \leqslant P_3 < 5.0$	$P_3 \geqslant 5.0$	—

注:1. 9 级时需同时标注 P_3 的实测值。
2. 分级指标值 P_3 为正、负抗风压性能的绝对值的较小值。

5.1.4 平面内变形性能要求

建筑幕墙平面内变形性能以建筑幕墙层间位移角为性能指标。在非抗震设计时,指标值应不小于主体结构弹性层间位移角控制值;在抗震设计时,指标值应不小于主体结构弹性层间位移角控制值的3倍。主体结构楼层最大弹性层间位移角控制值可按表5-7的规定执行。

表5-7 主体结构楼层最大弹性层间位移角

结构类型		建筑高度 H(m)		
		$H \leqslant 150$	$150 < H \leqslant 250$	$H > 250$
钢筋混凝土结构	框架	1/550	—	—
	板柱-剪力墙	1/800	—	—
	框架-剪力墙、框架-核心筒	1/800	线性插值	—
	筒中筒	1/1 000	线性插值	1/500
	剪力墙	1/1 000	线性插值	—
	框支层	1/1 000	—	—
多、高层钢结构		1/300		

注:标准弹性层间位移角$=\Delta/h$,Δ为最大弹性层间位移量,h为层高;线性插值系指建筑高度在150~250 m间,层间位移角为1/800(1/1 000)与1/500线性插值。

建筑幕墙平面内变形性能分级指标应符合表5-8的规定。

表5-8 建筑幕墙平面内变形性能分级表

分级代号	1	2	3	4	5
分级指标值 γ	$\gamma < 1/300$	$1/300 \leqslant \gamma < 1/200$	$1/200 \leqslant \gamma < 1/150$	$1/150 \leqslant \gamma < 1/100$	$\gamma \geqslant 1/100$

注:表中分级指标为建筑幕墙层间位移角。

5.1.5 热工性能要求

建筑幕墙传热系数应按《民用建筑热工设计规范》(GB 50176)的规定确定,并满足《公共建筑节能设计标准》(GB 50189)、《居住建筑节能检测标准》(JGJ/T 132)、《夏热冬冷地区居住建筑节能设计标准》(JGJ 134)、《严寒和寒冷地区居住建筑节能设计标准》(JGJ 26)、《夏热冬暖地区居住建筑节能设计标准》(JGJ 75)的要求。玻璃(或其他透明材料)幕墙遮阳系数应满足《公共建筑节能设计标准》(GB 50189)和《夏热冬暖地区居住建筑节能设计标准》(JGJ 75)的要求。幕墙的传热系数应按相关规范进行设计计算。幕墙在规定的环境条件下应无结露现象；对热工性能有较高要求的建筑，可进行现场热工性能试验。幕墙传热系数分级指标 K 应符合表 5-9 的要求。

表 5-9　建筑幕墙传热系数分级表 $[W/(m^2 \cdot K)]$

分级代号	1	2	3	4
分级指标值 K	$K \geqslant 5.0$	$5.0 > K \geqslant 4.0$	$4.0 > K \geqslant 3.0$	$3.0 > K \geqslant 2.5$
分级代号	5	6	7	8
分级指标值 K	$2.5 > K \geqslant 2.0$	$2.0 > K \geqslant 1.5$	$1.5 > K \geqslant 1.0$	$K < 1.0$

注：8 级时需同时标注 K 的实测值。

玻璃幕墙的遮阳系数分级指标 SC 应符合表 5-10 的要求。

表 5-10　建筑幕墙遮阳系数分级表

分级代号	1	2	3	4
分级指标值 SC	$0.9 \geqslant SC > 0.8$	$0.8 \geqslant SC > 0.7$	$0.7 \geqslant SC > 0.6$	$0.6 \geqslant SC > 0.5$
分级代号	5	6	7	8
分级指标值 SC	$0.5 \geqslant SC > 0.4$	$0.4 \geqslant SC > 0.3$	$0.3 \geqslant SC > 0.2$	$SC \leqslant 0.2$

注：1. 8 级时需同时标注 SC 的测试值。
　　2. 玻璃幕墙遮阳系数＝幕墙玻璃遮阳系数×外遮阳的遮阳系数×[1－(非透光部分面积/玻璃幕墙总面积)]。

5.1.6　隔声性能要求

空气声隔声性能以计权隔声量作为分级指标，应满足室内声环境的需要，符合《民用建筑隔声设计规范》(GB 50118)的规定。空气声隔声性能分级指标 R_w 应符合表 5-11 的要求。

表 5-11　建筑幕墙空气声隔声性能分级表 (dB)

分级代号	1	2	3	4	5
分级指标值 R_w	$25 \leqslant R_w < 30$	$30 \leqslant R_w < 35$	$35 \leqslant R_w < 40$	$40 \leqslant R_w < 45$	$R_w \geqslant 45$

注：5 级时需同时标注 R_w 实测值。

5.1.7　耐撞击性能要求

建筑幕墙的耐撞击性能应满足设计要求，人员流动密度大或青少年、幼儿活动的公共建筑的建筑幕墙，耐撞击性能指标不应小于表 5-12 中 2 级。

撞击能量 E 和撞击物体的降落高度 H 分级指标和表示方法应符合表 5-12 的要求。

表 5-12　建筑幕墙耐撞击性能分级

分级指标		1	2	3	4
室内侧	撞击能量 E(N·m)	700	900	>900	—
	降落高度 H(mm)	1 500	2 000	>2 000	—
室外侧	撞击能量 E(N·m)	300	500	800	>800
	降落高度 H(mm)	700	1 100	1 800	>1 800

注：1. 性能标注时应按：室内侧定级值/室外侧定级值。例如：2/3 为室内 2 级，室外 3 级。
　　2. 当室内侧定级值为 3 级时标注撞击能量实际测试值，当室外侧定级值为 4 级时标注撞击能量实际测试值。例如：1 200/1 900 表示室内 1 200 N·m，室外 1 900 N·m。

5.1.8　光学性能要求

对有采光功能要求的建筑幕墙,其透光折减系数 T_T 不应低于 0.45。有辨色要求的幕墙,其颜色透视指数不宜低于 Ra80。建筑幕墙的采光性能分级指标 T_T 应符合表 5-13 的要求。

表 5-13　建筑幕墙采光性能分级表

分级代号	1	2	3	4	5
分级指标值 T_T	$0.2 \leqslant T_T < 0.3$	$0.3 \leqslant T_T < 0.4$	$0.4 \leqslant T_T < 0.5$	$0.5 \leqslant T_T < 0.6$	$T_T \geqslant 0.6$

注：5 级时需同时标注 T_T 的测试值。

此外,玻璃幕墙的光学性能应满足《玻璃幕墙光学性能》(GB/T 18091)的要求。

5.1.9　抗震性能要求

建筑幕墙的抗震性能应满足《建筑抗震设计规范》(GB 50011)的要求,满足所在地抗震设防烈度的要求。对有抗震设防要求的建筑幕墙,其试验样品在设计的试验峰值加速度条件下不应发生破坏。幕墙具备下列条件之一时,应进行振动台抗震性能试验或其他可行的验证试验：

1. 面板为脆性材料,且单块面板面积或厚度超过现行标准规范的限制；
2. 面板为脆性材料,且与后部支承结构的体系为首次应用；
3. 应用高度超过标准或规范规定的高度限制；
4. 所在地区为 9 度以上(含 9 度)设防烈度。

5.1.10 防火性能要求

建筑幕墙应按照建筑防火设计分区和层间分隔等要求采取防火措施,设计应符合《建筑设计防火规范》(GB 50016)的有关规定。幕墙应考虑火灾情况下救援人员的可接近性,必要时救援人员应能穿过幕墙实施救援。幕墙所用材料在火灾期间不应释放危及人身安全的有毒气体。

5.1.11 防雷性能要求

建筑幕墙的防雷设计应符合《建筑物防雷设计规范》(GB 50057)的有关规定,幕墙金属构件之间应通过合格的连接件(防雷金属连接件应具有防腐蚀功能,其最小横截面面积应满足:铜 25 mm^2、铝 30 mm^2、钢材 48 mm^2)连接在一起,形成自身的防雷体系并和主体结构的防雷体系有可靠的连接。幕墙框架与主体结构连接的电阻不应超过 1 Ω,连接点与主体结构的防雷接地柱的最大距离不宜超过 10 m。

5.1.12 承重力性能要求

幕墙应能承受自重和设计时规定的各种附件的重量,并能可靠地传递到主体结构。在自重标准值作用下,水平受力构件在单块面板两端跨距内的最大挠度不应超过该面板两端跨距的 1/500,且不应超过 3 mm。

5.1.13 耐久性要求

国家标准《建筑幕墙》(GB/T 21086—2007)规定幕墙结构设计年限不宜低于 25 年。

大部分幕墙材料保质期一般为 10 年,而幕墙主要组成材料的耐用年限要高于 10 年的保质期,见表 5-14。

表 5-14 建筑幕墙主要材料保质期

主要幕墙材料	估计耐用年限	备 注
钢结构	20 年以上	取决于表面处理
不锈钢	50 年以上	取决于材料的厚度
铝合金	50 年以上	取决于材料的厚度
复合铝板	10 年左右	主要取决于中间的聚乙烯芯材的老化程度和粘接牢固程度
镀锌螺钉	10 年左右	取决于材料镀锌的厚度和镀锌的质量
不锈钢螺钉	40 年以上	

续上表

主要幕墙材料		估计耐用年限	备 注
铝铆钉		30 年以上	
粘结密封材料	聚硫橡胶	15 年左右	
	合成橡胶	5～20 年	
	天然橡胶	5～10 年	
	氯乙烯	5～15 年	
	硅酮结构密封胶	30～50 年	
花岗岩		75 年左右	
大理岩		10～20 年	
普通玻璃		超过 100 年	
镀膜玻璃		10 年	

根据以上材料分析,各类幕墙的物理耐用年限估计为:

1. 单层铝板幕墙、蜂窝铝板幕墙的物理耐用年限可达 30～50 年(取决于内部的钢质或铝质骨架材质和铝板的表面处理状况);

2. 复合铝板幕墙的物理耐用年限达 10 年左右(低层);

3. 隐框玻璃幕墙的物理耐用年限可在 35 年以上(根据现在已实际使用过的年限);

4. 明框玻璃幕墙的物理耐用年限约为 40 年以上;

5. 全玻璃幕墙的物理耐用年限可在 40 年以上;

6. 干挂大理岩幕墙的物理耐用年限约为 10 年左右;

7. 干挂花岗岩幕墙的物理耐用年限约为 20 年以上(取决于内部钢质或铝合金骨架材质及设计施工水平)。

这里提出的物理耐用年限是指自然减耗、磨损和腐蚀,不包括由于工人失职而造成的某种特别缺陷、房屋使用者的责任造成使用的错误,也不包括由于不可抗拒的事故造成了破坏而使耐用年限显著缩短的情况在内。

物理耐用年限是从技术的角度出发,不可能是使用的极限年限。当然,超过了物理耐用年限仍可继续使用较长时间,如仍需要使用更长时间就要增加维修费用。要准确地预计幕墙物理耐用年限,不是一件容易的事,它明显地取决于同类材质的优劣、设计与施工是否规范、建筑周围环境条件以及业主维护管理的水平。

影响幕墙耐久性的一些因素主要包括:

1. 风荷载、地震与温度外部荷载的影响

幕墙在主体结构上不是静止的,而是处于不断的运动之中。温度可使幕墙伸缩缝不断变化,胶缝不断变位;风荷载能使高层建筑顶层位移达 10 cm 之多,并使幕墙产生位移和变形;而地震的动力加速度施加于建筑物时,建筑结构产生剪切、变位、拉转、振动等效应,能够影响幕墙,这些都能明显地影响幕墙的耐久性。

2. 大气作用的影响

大气中的烟尘污染、废气污染、水分都可以造成幕墙的腐蚀或功能性减退,从而影响幕墙耐久性。如工业废气中的 CO_2、SO_2、和 NO_2,在大气中遇水会形成碳酸、硫酸、硝酸,对铝合金及石材都有侵蚀作用。另外,当石材含水率高时,受冻破坏的作用就大。

5.2 铁路站房幕墙设计的要求

高铁站房幕墙与民用建筑幕墙相比,其服役环境如气动、振动、高密集人流的变化等对安全性能有特别的要求,其性能设计应充分考虑环境的特殊性,满足风压、隔声、减振降噪、热工性能、构造稳固的安全性,尤其是设置于股道上方的跨线幕墙,对安全稳固性及检修维护的便利性在设计阶段应予以足够的重视。

5.2.1 门　　窗

站房主出入口宜集中设置在一个结构柱跨内,进、出站门不应设置影响旅客通行的门轴、立梃等障碍物。大型及以上车站主入口应采用电动感应门和平开门组合,中小型车站主入口可不设电动感应门。

主入口设计应与静态标识统筹考虑,进、出站门的门扇分隔应均匀,开启门扇高度不宜大于 3.0 m,门扇宽度宜为 1.05~1.20 m,开启扇应满足密闭性要求。

门拉手应安全、美观、耐久,宜采用亚光不锈钢管拉手。进、出站口应采用密封性能好的平开门,不应采用旋转门。大风或 8 级及以上台风地区应采用满足抗风安全要求的带自动闭门器的外开平开门,不应采用地弹门。

玻璃门应采用有框玻璃门,宜采用与幕墙同色系的铝合金门框,设双密条。当门框采用不锈钢材料时,宜采用亚光不锈钢,室内宜为 304 不锈钢材质,室外宜为 316 不锈钢材质。当门框采用铝型材时,应选用耐久性好、强度高的型材。竖框宽度宜为 50~100 mm,下横框高度不宜小于 190 mm,门体型材厚度不应小于 2 mm。玻璃与边框之间应有缓冲胶垫。门轴、合页、拉手应采用坚固耐久性强的配件。

自然排烟窗应符合《建筑用电动控制排烟侧窗》(JG/T 307)的相关规定。自然排烟窗的设计应具有机械自锁功能和窗扇关闭拉紧功能。当窗扇处于关闭时,窗扇和窗框之间胶条的压缩量不应小于 3 mm。开启机构应与幕墙构件结合设置。自然排烟窗宜具有多种开启角度的设置功能,实际开启角度与设置开启角度误差不应大于10%,开启角度应小于70°,宜采用45°,不宜设平天窗。

5.2.2 建筑幕墙

建筑幕墙主要构件的设计使用年限不应低于25年。

客站严禁采用全隐框玻璃幕墙;铁路线路上方外墙不应设置石材幕墙。

股道上方的跨线幕墙采用玻璃幕墙时,玻璃面板至少应在外侧采用有防止坠落功能的夹胶玻璃。

股道上方的跨线幕墙采用铝板等金属面板时,面板与支承构件间的连接构造选用的紧固件,应采用不锈钢材质。紧固件应有可靠的防松设计,严禁使用自攻自钻钉。

幕墙的设计应包含线路运营阶段幕墙维护维修的便利性及维护维修设施。应设置幕墙检修维护所需的人员检修设施,更换玻璃面板、构件所需的起重措施。维修维护措施不应对股道、接触网及行车安全存在安全隐患。应在幕墙下方设置挑檐、防冲击棚等防护设施。

除玻璃幕墙外,外墙面2 m以下装饰材料宜采用不易破损、易维护、耐久性好的抗冲撞材料。

幕墙选用的紧固件及螺纹连接,应考虑列车振动的影响,采取必要的放松设计。

装饰面层及基层应在结构变形缝处断开,并应满足结构变形的要求。

幕墙范围内的所有管线应进行隐蔽处理。

幕墙防雷装置必须与主体结构防雷装置可靠连接。

第 6 章　既有幕墙典型失效模式

我国自 20 世纪 80 年代引进建筑幕墙生产技术,90 年代进入了一个快速发展时期。

我国建筑幕墙的质量随着幕墙技术规范、规程和相关标准的不断完善和相关企业管理技术水平的提高,逐步走向稳定。纵观我国幕墙行业发展的每个阶段,由于幕墙标准、规范以及行政性措施相对滞后于幕墙行业发展和应用,致使早期的建筑幕墙工程存在设计不当、施工偷工减料等问题,严重影响建筑幕墙的质量及安全问题。

同时,由于幕墙在服役过程中,存在材料的老化与性能退化导致结构劣化或失效,甚至引发严重的安全事故,威胁着人们的生命和财产安全。

本章总结了既有建筑幕墙的各类失效模式及失效机理,主要介绍建筑幕墙安全性评估与鉴定程序。

6.1　既有建筑幕墙典型安全事故

2005 年,南宁某会展中心竣工后的几个月内,先后有 50 多块玻璃破碎,导致一位女工被砸伤。

2008 年 9 月 22 日,重庆市某大厦楼下的汽车 4S 店外,突然"雨"从天降,4S 店外面 7 辆汽车全都伤痕累累,面目全非。

2009 年 4 月 9 日,广州中山大道某建筑的一块幕墙玻璃从 18 楼坠落,砸中一名仅 7 个月大的男婴额头部位伤势较重,总共有 3 处明显撕裂伤,缝了 13 针。

2010 年 4 月 12 日,北京海淀区清河某百货商场前,由于风大,一大块玻璃从楼上掉落,将一名路过楼下的行人当场砸死。

2010 年 7 月 20 日,上海陆家嘴某大厦玻璃幕墙从 45 楼高空坠落。

2010 年 7 月 29 日,广州天河科技园一写字楼 5 楼坠落的玻璃砸中一位行人,在其脑部和身体其他部位共留下 15 处伤口。

2011 年 5 月 18 日,上海陆家嘴某大厦 46 楼一块面积约 4 m^2 的玻璃幕墙突然爆裂,"玻璃雨"砸伤 50 辆车,如图 6-1 所示;2011 年 7 月 18 日,该大厦 43 楼的玻璃破碎。2012年5月29日，该大厦38楼的一块幕墙玻璃碎裂，所幸并未从高空坠落，无人受伤。

图 6-1　幕墙事故

2011年7月18日，上海铁路虹桥站一周内接连发生两起玻璃幕墙爆裂事件。

2011年7月27日，宁波某高层建筑幕墙爆裂，21楼高空狂下"玻璃雨"。

2012年6月26日，杭州一酒店楼上一块幕墙玻璃突然掉了下来，砸到了停在一楼地面的4辆车。这起事故是这幢商住一体的大楼该年度第4次掉玻璃。

2012年7月24日，广州天河一商场27楼外墙的一块玻璃在台风吹袭下突然坠落，落在银行门口，所幸没有造成人员伤亡。据悉，这已经是这一个月来该商场第二次发生高空玻璃坠落事件。

2012年5月25日，首都机场某航站楼E区外墙一块玻璃幕墙突然脱落，坠落玻璃面积约8 m^2，坠落处为非旅客区域，现场未伤及人员，也未对首都机场的正常运行造成任何影响。

2014年12月，北京朝阳区一商场近30 m^2的外墙材料被大风吹落，砸中行人造成1人死亡、1人重伤。事故初步处理后的现场如图6-2所示。

2016年6月，位于深圳市的某高层建筑工地4层至5层之间的一块幕墙玻璃突然爆裂，脱落的玻璃碎片使在楼下施工的4名工人不同程度受伤。

2018年10月，厦门一小区旁的人行道上，高处一块玻璃破裂落下，导致一名路人死亡。

2018年9月16日，强台风"山竹"袭击广州期间，广州天河区某写字楼，三副玻璃窗从高空坠落。这惊险的一幕，被附近市民拍下并传到网上。

图 6-2　北京朝阳区某商场幕墙脱落

2020 年 9 月 11 日,南京新街口某大厦高层的一块玻璃幕墙破裂坠落,地上一堆玻璃碎渣。

由于幕墙面板爆裂和坠落事件频发,一度使人们对建筑幕墙产生了误解,认为它是悬挂在城市上空的"定时炸弹",玻璃幕墙的安全问题受到了极大的关注。每年的全国两会期间都有代表针对玻璃幕墙的安全提出相应的提案。北京市早在 2005 年就有多名两会代表提出《加强玻璃幕墙建筑立法》《关于尽快开展全国玻璃幕墙安全检查的建议》等提案,但苦于没有有效的标准和规范,不能对既有幕墙玻璃面板存在的隐患进行排除,只能在事故发生后根据经验做出评断。所以,建立科学有效的既有玻璃幕墙维护与保养制度,降低幕墙事故风险发生概率,对于保障人身财产安全和城市宜居环境都有重要意义。

6.2　既有建筑幕墙典型失效模式及影响

6.2.1　既有建筑幕墙失效研究现状

2004 年,上海市建筑科学研究院建筑幕墙检测中心,对本市 931 个建筑玻璃幕墙工程的现状进行过专门调研,已有 10% 以上的工程出现了安全隐患。包括幕墙玻璃面板碎裂、结构胶老化、五金件锈蚀损坏、坠落等涉及安全使用的严重隐患。

2019—2021 年,广州市住建局委托广州安德信幕墙有限公司,对全市 5 400 多幢既有建筑玻璃幕墙项目的安全现状及管理维护情况进行排查检查,检查数据分析显示:安全隐患中存在玻璃破裂破损的为 32%,有 41.4% 的项目存在开启扇五金松动脱落损坏、31.1% 存在启闭不畅等功能障碍,存在密封胶及密封胶条老化开裂、渗漏问题的项目分别为 33% 和 23.4%。

第6章 既有幕墙典型失效模式

幕墙渗漏危害有一定的隐蔽性和潜伏性，但渗漏引起材料锈蚀失效，导致幕墙结构的偏移、扭曲、开裂、损伤或过载等结构性缺陷，易发生安全事故，危害性同样重大，且难以通过表观检查及时发现。

通过对大量幕墙安全隐患及安全事故的调查分析，将建筑幕墙的失效模式归纳为三大类，即：材料失效、结构失效和功能失效，见表6-1。

材料失效主要是由于构建整个幕墙系统所选用的建筑材料物理性能或化学性能的变化而导致建筑幕墙外观质量、支承结构和使用功能质量的降低。

结构失效主要是由于材料失效而产生的幕墙结构的偏移、扭曲、开裂、损伤或过载而产生的结构性缺陷。

功能失效则主要是由于材料失效或结构缺陷而引起的使用性障碍。

表6-1 建筑幕墙失效模式及其表现形式

分类	失效模式	失效表现形式和影响
材料失效	玻璃破碎	使用非安全玻璃；幕墙玻璃整体脱落，钢化玻璃自爆，玻璃热炸裂；玻璃受风、振动冲击载荷而破碎等
	石材破碎	石材面板开裂、破碎、崩边等
	中空玻璃失效	中空玻璃密封条失效，中空层气体泄漏，露点，外片整体脱落
	镀膜玻璃失效	出现脱膜变色、热炸裂，影响幕墙板的安全性能、隔热性能及景观效果
	真空玻璃破碎	真空玻璃结构设计不当，真空玻璃真空度衰降甚至丧失，使真空玻璃失去节能功效；真空玻璃承载力降低，易破碎脱落
	玻璃影像畸变	玻璃变形过大，产生波纹、条纹、八卦图等形状，导致玻璃成像畸形
	密封胶、结构胶、密封胶条失效	胶缝宽窄不一，整条胶缝直线度超标，密封胶缝表面不光滑，有气泡和鼓包，胶缝边沿残留或其他污渍等缺陷；注胶质量差，存在胶体宽厚不一，有孔洞，甚至断胶等缺陷； 结构胶质量参差不齐，缺乏进场质量检测报告，未进行相容试验，造成结构胶粘结强度降低，甚至脱胶； 密封胶、结构胶老化，造成结构胶、密封胶表面龟裂，基体强度和粘结强度降低，产生渗水、漏气等现象
	紧固件失效	预埋件、支座焊接质量差，无防腐处理，连接螺栓、螺钉和螺母锈蚀；点式幕墙爪件锈蚀、变形以及张拉索杆失效
结构失效	立柱、横梁失效	早期幕墙没有具体施工和设计规范，主要受力构件如立杆、横梁型材壁厚不足，有的甚至采用门窗方料作为立杆，造成支承结构承载力和刚度不足； 有的幕墙采用连续梁力学模式设计，但立杆套管长度不足，且套管配合松落，致使立杆受力状况处于不利状态，达不到连续梁的传力效果； 立杆、横梁安装的螺栓采用普通螺栓，或使用的不锈钢螺栓为伪劣产品，造成螺栓生锈； 立杆、横梁结构尺寸设计不当造成承载能力和刚度不足而导致幕墙系统在外载荷作用下发生扭曲、幕墙构件偏移、幕墙单元错位、密封胶条撕裂等现象

续上表

分类	失效模式	失效表现形式和影响
结构失效	预埋件(后埋件)、支座安装质量问题	预埋件的钢材有的采用了非国标材料(比如改制材料之类),质量低劣,对其强度和使用寿命均有较大影响; 预埋件制作锚固长度严重不足; 预埋件制作锚筋焊接方式没有采用塞焊,有的焊接焊缝严重不足,有的因焊接电流过大使锚筋容易产生脆断; 预埋件的防腐没有按照规定进行热镀锌,或镀层厚度不足,有的只采用油漆涂刷一遍; 预埋件安装与设计安装位置偏差太大,又没有进行补强处理; 幕墙支座节点调整后未进行焊接,引起支点处螺栓松动; 多点连接支点处螺栓上得太紧,上下立柱芯套连接过紧; 后埋件采用普通膨胀螺栓或采用性能不可靠的化学螺栓,与主体结构锚固不牢靠。预埋件(后埋件)的制作和安装质量得不到保证,将影响幕墙与主体结构的有效连接。有的幕墙安装使用一段时间后就出现严重锈蚀,直接给结构带来安全隐患
	连接件结构失效	点式玻璃幕墙的连接爪件强度设计不够,连接爪件发生弯曲、变形;由结构设计不当而导致的张拉索杆支承结构强度不够,拉索发生崩断、拉杆挤弯或使用中发生拉索松弛
功能失效	开启窗失效	开启窗的五金件由于材质及防锈处理不当、窗扇使用不当等问题,会造成变形、锈蚀、卡死、缺损等情况,造成窗扇支承安全度不足,甚至脱落。开启窗玻璃因结构胶老化失效及在开启时疲劳损伤、振动影响下发生整体脱落或中空玻璃外片脱落
	隔声效果差	幕墙隔声效果不好,造成室内噪声过大
	采光性能差	室内采光效果差,需人工光源补充
	保温性能失效	幕墙内外温差小,起不到保温、隔热效果或效果甚微
	漏气	幕墙单元连接处、开启窗等位置在风压下能感觉明显漏气现象
	渗水	幕墙单元连接处、开启窗等位置在雨、雪天气出现明显渗水现象
	防火性能差	幕墙没有防火隔断措施或防火效果差
	无防雷功能	雷电天气幕墙易受雷击,造成人员财产伤亡、损失

因此,通过现场检测及时发现隐患的存在并及时处置妥善解决,则可预防安全事故的发生,保障建筑幕墙的安全使用。

6.2.2 建筑幕墙的失效模式

6.2.2.1 材料失效

1. 玻璃失效

应用于玻璃幕墙上的玻璃面板主要有普通单片浮法玻璃、钢化玻璃、夹层玻璃、热反射玻璃、Low-E 玻璃及其由上述玻璃复合而成的中空玻璃、真空玻璃的复合结构形式。玻璃破裂失效是玻璃幕墙应用过程中最典型的失效模式,也是引起安全隐患最多和最重要的因素。幕墙玻璃的失效主要有以下几个方面:

1)钢化玻璃自爆

钢化玻璃自爆是幕墙玻璃最主要的破裂失效因素。

引起钢化玻璃破裂的因素有多种,如钢化玻璃受冲击导致的破裂(受冲击点处有一明显的冲击损伤痕迹),如图 6-3 所示;钢化玻璃受集中应力作用破裂,其中以边部破裂源为主,如图 6-4 所示。

图 6-3　钢化玻璃受冲击破裂形貌　　　图 6-4　边部应力集中引起钢化玻璃破裂形貌

内部杂质(其中以 NiS 杂质为主)导致的自爆,也是钢化玻璃破裂的最主要因素,并且难以发现、预测及控制,被认为是"玻璃的癌症"。钢化玻璃自爆后的破坏形貌可看到明显的自爆源,且呈"蝴蝶斑"形,如图 6-5 所示。在"蝴蝶斑"附近,通过放大镜,往往能够看到一个异质颗粒,如图 6-6 所示。

 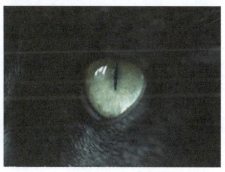

(a) "蝴蝶斑"形貌　　　　　　　　(b) 自爆点附近的"猫眼"

图 6-5　异质颗粒引起钢化玻璃自爆破裂形貌

图 6-6　钢化玻璃自爆源异质颗粒放大图

由于钢化玻璃内部包含硫化镍(NiS)杂质,它有两种晶相:高温相 α-NiS 和低温相 β-NiS,相变温度为 379 ℃。在钢化玻璃制作过程中的高温热处理,改变了硫化镍(NiS)杂质的相态,因加热温度远高于相变温度,NiS 全部转变为 α 相。然而在随后的淬冷过程中,α-NiS 来不及转变为 β-NiS,从而被冻结在钢化玻璃中。在室温环境中,α-NiS 是不稳定的,有逐渐转变为 β-NiS 的趋势。这种转变伴随着约 2‰~4‰ 的体积膨胀,使玻璃承受巨大的相变张应力,从而导致自爆。

国内各生产厂家产品的自爆率并不一致,从 3‰~0.3‰ 不等。一般自爆率是按片数为单位计算的,没有考虑单片玻璃的面积大小和玻璃厚度,所以不够准确,也无法进行更科学的相互比较。

为统一测算自爆率,定出统一的条件:每 5~8 t 玻璃含有一个足以引发自爆的 NiS;每片钢化玻璃的面积平均为 1.8 m^2;NiS 均匀分布。则计算出 6 mm 厚的钢化玻璃自爆率约为 3‰~5‰。这与国内高水平加工企业的实际值基本吻合。

2)幕墙构件制作及安装施工不当引发玻璃破裂

《玻璃幕墙工程技术规范》(JGJ 102—2003)中规定了明框幕墙的玻璃与铝框槽口的配合尺寸,且玻璃的下边缘应采用两块压模成型的氯丁橡胶垫块支承,并按规定选用橡胶条镶嵌粘结在玻璃的四周。

幕墙安装对玻璃四周的嵌入量及空隙控制不到位,就会使玻璃不能适应热胀冷缩的变形或主体结构层间位移、其他荷载作用下导致的框架变形等造成的玻璃破碎。在建筑主体伸缩、沉降等变形缝位置,幕墙未采取与主体建筑变形缝相适应的构造措施、幕墙板块跨越建筑的变形缝、幕墙因不能适应主体建筑变形挤压等也会造成玻璃破坏,如图 6-7 所示。

玻璃强迫安装、压接密封也会明显增大玻璃破损概率。

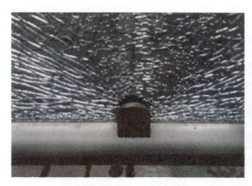 

图 6-7 安装应力造成玻璃破损

3）建筑玻璃热炸裂

建筑玻璃的热炸裂是一个多因素综合性的问题。对一般情况而言，制约玻璃热炸裂的主要因素有三个：

（1）玻璃的吸热率。由于热炸裂的机理是玻璃吸收阳光中的红外辐照、玻璃吸收热能自身温度升高、与较低温度的边框和墙体之间形成温度梯度等原因，造成非均匀膨胀或受到约束，形成热应力，进而使薄弱部位发生裂纹扩展。温度差越大，热炸裂的危险性也越大。

（2）玻璃的板面尺寸。玻璃的板面尺寸越大，受热膨胀后的变形越大，形成的约束反力也越大，进而增加了热炸裂的概率。同时板面尺寸越大，越容易受到其他荷载的叠加效应。所以在追求大板面玻璃的装饰效果的同时，应对风荷载、热应力、边框变形、自重、装配应力等综合影响作全面考虑。

（3）玻璃边的加工质量。在热应力分析中指出，炸裂一般从玻璃边部起始，边部的拉应力最大。所以改善边部的加工质量是提高建筑玻璃抗热炸裂能力的关键因素之一。当玻璃边部存在缺陷时，将极大地降低玻璃的抗拉强度。图 6-8 为典型的普通玻璃、光伏玻璃、真空玻璃热炸裂形貌。因为光伏玻璃和真空玻璃制备过程中存在于玻璃中的残余应力，导致玻璃强度降低，使热炸裂现象更加普遍。热炸裂的裂纹一般起始于边缘部位，其典型特征是玻璃边缘裂纹与板平面方向是垂直的，如图 6-9(a)所示，而非因热应力引起的玻璃破裂，玻璃边缘裂纹与板平面方向是不垂直的，如图 6-9(b)所示。

4）中空玻璃密封失效及外片脱落

中空玻璃是用两片或两片以上玻璃，中间用带有干燥剂的间隔框隔开，周边采用密封胶密封而制成的玻璃制品。目前，中空玻璃常见的密封形式为双道密封。

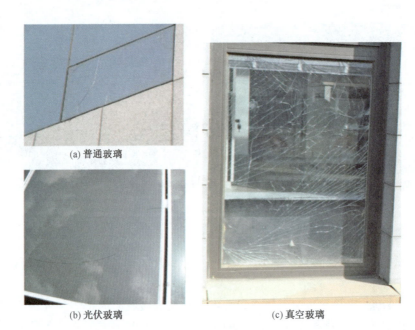

(a) 普通玻璃

(b) 光伏玻璃

(c) 真空玻璃

图 6-8　玻璃热炸裂图片

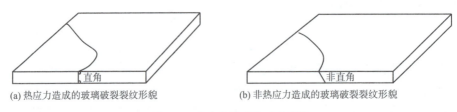

(a) 热应力造成的玻璃破裂裂纹形貌

(b) 非热应力造成的玻璃破裂裂纹形貌

图 6-9　玻璃边缘裂纹破裂形貌

应用于建筑幕墙上中空玻璃的失效模式有多种，主要有如下几方面：

(1) 中空玻璃露点、结露、结霜

当中空玻璃选用了气体渗透系数较大的密封胶时，易导致中空玻璃密封不良。

当中空玻璃密封单元出现脱胶、断胶、密封胶失效、老化时，也会导致玻璃密封不良。

密封不良会造成中空玻璃露点、结霜、漏水等现象，直接造成中空玻璃隔热功能失效，如图 6-10 所示。当中空玻璃采用镀膜玻璃时，由于水汽的作用，还会导致镀膜中空玻璃的膜层受到腐蚀、氧化等出现彩虹现象。

第6章 既有幕墙典型失效模式

图 6-10 中空玻璃露点

(2)中空玻璃密封胶流淌渗油

硅酮密封胶生产是以聚硅氧烷为基料,以二甲基硅油为增塑剂。随着市场竞争的日益激烈,一些企业为降低成本在硅酮密封胶产品中掺入低沸点物质,如用白油代替二甲基硅油,使产品耐久性大大降低。

白油是石油润滑油馏分高压加氢精制而成的无色、无味白色油状长链烷烃,常用于纺织润滑剂和冷却剂,沸点低、易挥发,在环境温度较高的情况下挥发、渗出,硅酮胶将逐渐硬化、收缩,甚至开裂,从而导致粘结失效,如图 6-11 所示。中空玻璃所采用的第一道密封胶——丁基胶中主要成分是聚异丁烯,丁基密封胶遇到白油时,就会被其溶胀、溶解,从而产生中空玻璃密封胶流淌现象,如图 6-12 所示。一旦中空玻璃密封胶流淌渗油,中空玻璃密封也就宣告失效。

图 6-11 中空玻璃二道结构胶硬化、收缩、开裂

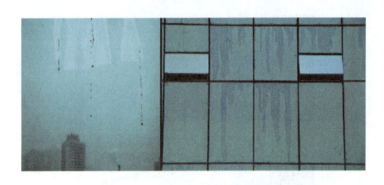

图 6-12　中空玻璃密封胶内部流淌渗油状态

(3)中空玻璃外片脱落或玻璃破裂

引起中空玻璃外片脱落或破裂的原因主要有如下三个因素：

①中空玻璃密封胶同玻璃的粘结强度达不到有关要求。中空玻璃系统的稳定性是靠中空玻璃密封胶来实现的。中空玻璃的密封结构主要有两种：单道密封和双道密封。单道密封结构是指中空玻璃结构只打一道胶，可选择硅酮胶、聚硫胶、热融丁基胶等。双道密封结构是指中空玻璃结构打两道胶，通常使用丁基热熔胶作第一道密封，配之与具有结构性的胶，如聚硫胶或硅酮胶作为第二道密封。

单道密封结构，不能同时具备优良的密封性和结构性。因此，采用单道密封的中空玻璃的耐久性及安全性无法保证，不可用于玻璃幕墙工程。由于聚硫密封胶耐紫外线性能较差，并且与硅酮结构胶不相容，如果幕墙采用中空玻璃，特别是隐框、半隐框玻璃幕墙等主要由密封胶承受荷载作用的中空玻璃，其二道密封胶采用了聚硫胶，将会导致结构胶的粘结强度和其他粘结性能下降或丧失，留下很大的安全隐患，图 6-13 为典型的中空玻璃二道密封胶脱粘（卡片能够插入脱粘处形成的缝隙内）。

《玻璃幕墙工程技术规范》(JGJ 102—2003)、《中空玻璃用硅酮结构密封胶》(GB 24266—2009)都对中空玻璃的二道密封胶和与之相接触材料的相容性提出了要求。硅酮结构密封胶在使用前，应进行与玻璃、金属框架、间隔条、定位块和其他密封胶的相容性试验，相容性试验合格后才能使用。如果硅酮结构密封胶和与之相接触的材料之间不相容，会导致二道密封胶粘结强度下降或完全丧失，不能承受外片玻璃所受到的风荷载和玻璃自重，进而造成中空玻璃外片脱离。

②中空玻璃二道密封胶注胶宽度不满足要求。《中空玻璃》(GB/T 11944—2002)第 5.2.4 条规定：双道密封外层密封胶注胶宽度为 5～7 mm。《玻璃幕墙工

第6章 既有幕墙典型失效模式

图 6-13 中空玻璃密封单元脱粘失效

程技术规范》(JGJ 102—2003)第 5.6 节规定了硅酮结构密封胶应根据不同的受力情况进行承载力极限状态验算,粘结宽度及粘结厚度应分别通过计算确定,且结构胶的粘结宽度不应小于 7 mm,粘结厚度不小于 6 mm。

③中空玻璃密封出现通透性泄露。当中空玻璃密封出现通透性气体漏缝时(如二道密封胶脱胶、断胶等),中空玻璃除了隔热功能失效外,还改变了中空玻璃的承载性能。图 6-14 为中空玻璃密封在密封盒出现贯穿性裂缝下的承载示意图。

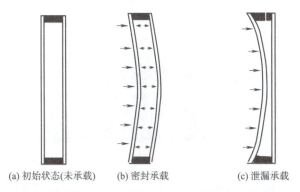

(a) 初始状态(未承载)　　(b) 密封承载　　(c) 泄漏承载

图 6-14 密封和漏气状态下中空玻璃承载性能示意图

密封状态下,外载(风载荷)作用时,由于密封的中空玻璃中空层气体具有传递载荷作用,此时,中空玻璃内、外片玻璃同时承受载荷作用。当中空玻璃中空层气体泄漏时,中空层气体不具传递载荷的作用,外载全部由直接承受载荷的玻璃承担,此时的中空玻璃承载性能下降一半左右。极易导致中空玻璃外片破裂或整体脱落。图 6-15 为中空玻璃外片整体脱落实景,图 6-16 为中空玻璃外片破裂实景。因此,检测中空玻璃密封层是否出现贯穿性的气体泄漏,对评价中空玻璃的安全性能非常重要,也是预测中空玻璃是否出现结构性失效并带来风险隐患的一种手段。

图 6-15　中空玻璃外片整体脱落　　　　图 6-16　中空玻璃外片破裂

在幕墙安全性能现场检测中,经常发现在中空玻璃外片破裂或坠落后,直接用结构胶现场粘接外片完成中空玻璃的修复(图 6-17)。现场打结构胶存在许多质量问题(幕墙工程严禁现场打结构胶),修补的玻璃存在二次坠落隐患。

图 6-17　开启扇中空玻璃外片脱落后直接用结构胶在原位补片

④环境温差和压差作用下导致的中空玻璃破裂与变形

中空玻璃在生产与服役时对应的环境温度和气压往往存在差异,导致中空层的气体膨胀或收缩,中空玻璃产生不可忽略的应力和变形,如图 6-18、图 6-19 所示。

当环境温度或压差变化足够大时,会造成中空玻璃破裂失效。某项目中使用

第6章 既有幕墙典型失效模式

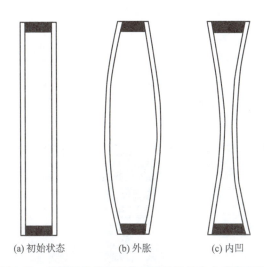

(a) 初始状态　　(b) 外胀　　(c) 内凹

图 6-18　环境温差和压差作用下导致的中空玻璃变形

图 6-19　温差作用致使中空玻璃内凹玻璃面相互接触

的中空玻璃从北京生产运输到鄂尔多斯工地后,所有的中空玻璃均出现外胀现象,在运输途中就出现大量破裂,安装到幕墙上后继续爆裂,破损率达 30% 以上。因此,环境压差引起中空玻璃破裂问题需引起足够重视,必须采取相应措施,如在中空玻璃内部采用压力平衡装置等。

⑤温度变化引起中空玻璃密封单元变形失效

中空玻璃在服役过程中,因受到室内外温差、环境温度变化等因素的循环作用,造成中空玻璃密封产生一定的扩张和错位变形,一旦边缘变形过大,就会造成第一道密封胶被挤出甚至脱胶、断胶现象,严重影响中空玻璃使用寿命甚至完全失效,如图 6-20 所示。中空玻璃应用的不断超大型化,更易造成中空玻璃密封单元失效。

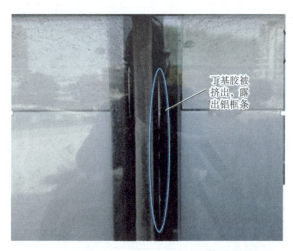

图 6-20　中空玻璃丁基胶被挤出现象

5)夹层玻璃失效

夹层玻璃是由两片或多片玻璃,之间夹了一层或多层有机聚合物中间膜,经过特殊的高温预压(或抽真空)及高温高压工艺处理后,使玻璃和中间膜永久粘合为一体的复合玻璃产品。常用的夹层玻璃中间膜有:PVB、SGP、EVA、PU 等。《玻璃幕墙工程技术规范》(JGJ 102—2003)第 3.3.5 条明确规定:玻璃幕墙采用夹层玻璃时,应采用胶片干法加工合成的夹层玻璃。

夹层玻璃失效模式主要有以下几个方面:

(1)夹胶玻璃边部脱胶

夹层玻璃出现脱胶现象时,胶片与玻璃分离,尤其在边部往往更容易出现(图 6-21)。这种脱胶主要是由于夹层玻璃使用的 PVB 胶片对水蒸气比较敏感,长期在水的作用下,失去粘结效果。因此,使用 PVB 胶片的夹层玻璃,必须使用具有防水作用的中性聚氨酯封边胶对玻璃周边密封,预防边部脱胶现象。

(2)夹胶玻璃自裂

造成夹层玻璃自动爆裂(无外力作用下破裂)主要有两方面因素:

①由于夹层玻璃的胶片能够吸收太阳光中的紫外线、部分红外线等,使得玻璃内部温度升高,产生热应力,使玻璃炸裂,如图 6-22 所示。

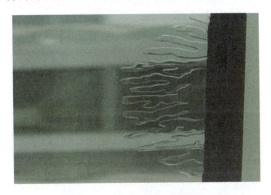

图 6-21　夹层玻璃边部脱胶

图 6-22　光伏夹层玻璃破裂图片

②夹层玻璃在热层合过程中,中间层胶片与玻璃膨胀系数不一致,夹层玻璃冷却后,易在玻璃内部形成残余应力,并导致夹层玻璃产生弓形弯曲,残余应力分布图如图 6-23 所示。残余应力的持续长久作用,会导致玻璃在薄弱区域突发破裂。另外,由于胶片的厚薄不均、钢化玻璃表面不平整,层合后均会在玻璃内部形成持久应力,造成玻璃破裂,这种现象更易在普通玻璃和钢化玻璃夹胶和非对称夹胶玻璃中出现。

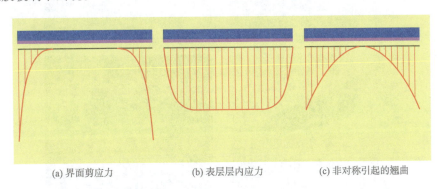

(a) 界面剪应力　　　　(b) 表层层内应力　　　　(c) 非对称引起的翘曲

图 6-23　夹层玻璃残余应力分布示意图

2. 石材面板失效

1) 石材面板破裂、开裂、崩边、崩角等,如图 6-24 所示。

造成石材面板开裂的主要原因是安装过程中导致的局部应力集中,石材面板在长期的环境融冻及雨水侵蚀循环作用下,易在薄弱部位产生裂纹并扩展。幕墙

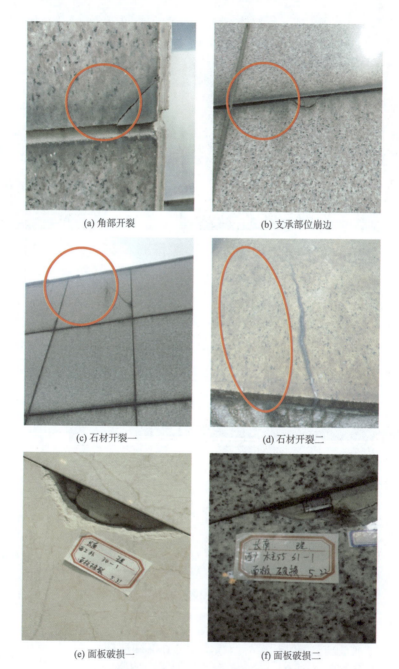

图 6-24 石材面板开裂典型照片

立面部位开裂的石材面板继续服役,易导致其整体或局部坠落。

2)石材面板连接构造、粘结材料失效,如图 6-25 所示。

图 6-25　石材连接失效典型照片

2021 年 7 月,南方某大型枢纽高铁站房落客平台下方出站层,距地面高 9 m 处发生干挂石材脱落,经紧急处置并对其他石材面板进行检查发现,原设计为背栓干挂安装的石材面板,而脱落石材背板却采用云石胶与墙面龙骨扣件粘接,其他部位也存在挂件错位、垫片缺失、移位、松脱的隐患。

3. 结构密封胶失效

1)硅酮结构密封胶粘结不良或失效

建筑幕墙结构密封胶失效主要表现形式包括结构密封胶脱胶、断胶、结构胶开裂、粉化、硬化等,导致结构密封胶的粘接性能退化,达不到其设计功能要求。

影响硅酮结构密封胶失效的因素繁多,既有结构密封胶内部本身因素,也与结构密封胶服役外部环境有关。主要有如下几方面:

(1)施工、设计及选材不当造成结构密封胶失效,包括胶体与基材不相容而造成的不相粘;

(2)结构密封胶老化造成的失效;

(3)结构胶在长期动疲劳及持久应力作用下的蠕变失效,这种情况更普遍发生于开启扇部位。

判定硅酮结构密封胶粘结不良方法,可以通过切割硅酮胶与基材粘结面查看,如果胶很容易从基材上剥离下来,且基材表面是光滑的,或者局部光滑(表面无残余的胶),则可以判定两者不粘,或者粘结不好,如图 6-26 所示。

图 6-26 硅酮密封胶与基体不粘或脱粘照片

建筑幕墙硅酮结构密封胶粘结失效检测主要包括现场拉伸试验并配合邵氏硬度检测,也是目前使用最广、检测较方便、准确、简单的一种方法。

2)硅酮结构密封胶有气泡或孔洞

硅酮结构密封胶体内含有气泡、孔洞,胶体表面有凸起等现象,可造成该部位打胶厚度变薄,致使胶体在服役一段时间后,在胶体内部形成外露甚至穿透性孔洞,造成该部位幕墙漏水、渗水等现象,如图 6-27 所示。

硅酮结构密封胶有醇型和酮肟型两种,醇型胶在固化过程中释放出气体,特别是遇到太阳直射后,高温反应更加强烈,胶体释放出来的气体储存在未完全固化的胶层中,造成胶体内部存在气泡及孔洞。施工注胶时裹进了空气,裹进胶体内部的空气不易溢出去,也是产生起泡孔洞的原因之一。潮湿条件、太阳暴晒及

第6章 既有幕墙典型失效模式

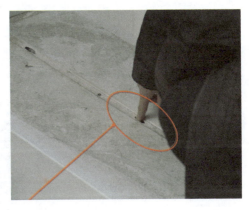

图 6-27 硅酮密封胶气泡及孔洞照片

基材表面温度过高等也易在胶体里留有气泡。

现场检测胶体是否存在孔洞或气泡，除了查看胶体表观外，也可切割部分已固化胶体，从断面看是否存在孔洞。

3) 硅酮结构密封胶外观起鼓

造成结构密封胶起鼓现象的重要原因有：

(1) 温差导致。由于热胀冷缩使幕墙板块接缝的缝隙宽度不断变化，使得密封胶受拉伸、压缩而引起表面出现凹凸不平现象。这种情况更易在铝塑板幕墙中出现，铝塑板是线膨胀系数较大的材料，特别是北方的春、秋两季昼夜温差较大，温差有时可能高达 50～60 ℃，铝塑板的热胀冷缩愈加明显。

(2) 风压的影响。我国大部分都是处于季风区，高层建筑由于受到风载荷作用，出现摇摆振动现象，幕墙板块结构产生位移而挤压胶缝接口，如果接口上的密封胶未完全固化，就会随板块挤压而凹凸不平呈规则性的起鼓，如图 6-28 所示。

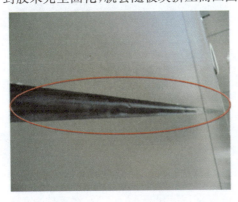

图 6-28 幕墙接缝密封胶起鼓照片

4)硅酮结构密封胶表面有颗粒、起孔现象

目视观察密封胶外观,发现有直径超过 0.5 mm 的密集的颗粒或胶皮,并影响到胶缝修整后的外观,这通常是密封胶质量问题造成的(图 6-29)。

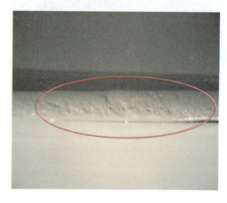
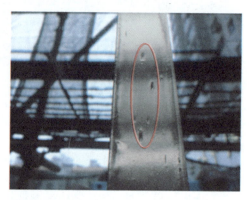

图 6-29　硅酮密封胶表面颗粒及起孔照片

5)硅酮结构密封胶胶体发生变色

当胶体固化一段时间后,胶体外观颜色出现色差,有的只是外表变色,有的是密封胶整体变色,这种情况称之为胶体变色,如图 6-30 所示。

图 6-30　硅酮密封胶胶体变色照片

造成硅酮结构密封胶出现变色现象,主要有以下三个原因:
(1)胶体与充油的橡胶条或者橡胶垫块接触。由于市面上一些橡胶材料出于降低成本等因素的考虑加入了橡胶油,当硅酮密封胶与这类充油的橡胶材料接触时,橡胶油会迁移到硅酮密封胶的表面,在阳光照射的紫外线作用下,就导致硅酮密封胶表面出现变色的现象。

(2)密封胶接触了酸性物质。有机酸会引起密封胶表面变色。

(3)密封胶质量问题。密封胶质量较差,生产厂家为了降低成本加入了容易变色的颜料或原料。

6)硅酮结构密封胶开裂

密封胶开裂主要有如下几种形式:

(1)内聚破坏。表现为胶缝中间开裂。

(2)粘结破坏。表现为胶缝两边开裂。

(3)混合破坏。表现为胶缝中间开裂和两边开裂的情况同时存在,如图6-31所示。

图6-31 密封胶开裂照片

造成密封胶开裂的主要原因:

(1)胶质量问题。产品质量不合格,模量、伸缩性达不到使用要求。劣质胶掺杂白油析出,引起胶体的过度收缩、硬化、丧失位移能力,无法适应基材热胀冷缩的位移量造成开裂;有的胶体配方中交联剂含量少,不足以使密封胶反应生成完善的交联网络结构、存在结构缺陷,容易导致胶体开裂等。

(2)应用方面的原因。如接缝设计不合理,接缝宽度小于6 mm容易导致开裂;施胶过程中形成大量的气泡容易导致胶体开裂;肟型胶施胶太薄容易开裂;施胶厚薄不均匀容易导致胶体在薄的地方开裂;基材表面温度过高或过低时施工,胶固化后胶体容易开裂；密封胶在固化过程中受到外力作用导致固化后胶体开裂；受到大的外力作用或基材产生大的形变，例如，地震、台风等引起胶体可能开裂等。

(3) 使用方面的原因。包括基材表面清洁方法不当、清洁使用的溶剂不合适；基材表面清洁达不到密封胶施打要求、使用的底漆不当或底漆在使用前已经失效；基材表面涂刷的底漆过量、施打密封胶时基材表面没有挥发干燥；密封胶与基材的接触面积过小而无法保证密封胶与基材的粘结性（接口设计不合理）；密封胶在固化过程中受到外界影响，比如风荷载作用、基材的热胀冷缩等。

(4) 适用性方面的原因。包括石材幕墙没有做污染性试验，无法确定密封胶是否会污染基材；金属、石材幕墙使用酸性胶会导致胶与基材发生化学反应；玻璃幕墙中玻璃与铝型材的粘结使用酸性胶、镀膜玻璃镀膜面的粘结使用酸性胶都会导致粘结失败；开工前没有做相容性测试、粘结性测试而无法保证密封胶与基材的粘结性；化学上不相容的装配附件（如：密封条、间隔条、衬垫条、固定块等）和密封胶接触将会导致密封胶变色或使密封胶和基材失去粘结性等。

7) 硅酮密封胶污染幕墙面板

当与胶缝接触的面板（主要是石材、铝板等）边缘出现了明显的色差且无法清洗掉时，则被认为是产生了污染，如图 6-32 所示。

(a) 密封胶污染石材　　　　　　　(b) 密封胶污染铝板

图 6-32　硅酮密封胶污染幕墙面板照片

密封胶污染幕墙面板包括垂流污染和渗透污染。密封胶污染幕墙面板的主要原因是密封胶中所含的一些有机物（如不参与反应的塑化剂和未反应彻底的高分子聚合物，以及一些载体和添加剂等）随着时间慢慢渗透到幕墙面板的毛细孔中，在接缝的两边形成一条黑色的带状，这种现象称之为渗透污染。部分有机物粘有灰尘，并随雨水流到幕墙面板表面，形成垂流污染。

第6章 既有幕墙典型失效模式

密封胶污染幕墙面板，极大地影响了幕墙的美观，并且清洗异常困难，目前还没有有效的办法去除渗入石材缝隙的塑化剂。预防密封胶对幕墙面板污染的有效办法是使用前先对密封胶和幕墙面板做污染性测试。如要彻底根除污染问题，则不含塑化剂配方的高性能密封胶才是应用上的最佳选择之一。

4. 钢材、铝合金型材及五金件失效

钢材、铝合金型材及五金件失效主要包括金属材料的变形、锈蚀、五金件脱落等。

引发这类失效的原因主要包括所用的钢材材质不合格、铝合金型材壁厚达不到要求、表面涂层、防锈措施处理不当、施工中偷工减料等多种因素。图 6-33 为典型的幕墙金属件锈蚀照片。

(a) 龙骨锈蚀

(b) 石材挂件锈蚀一

(c) 石材挂件锈蚀二

(d) 石材挂件锈蚀三

图 6-33　幕墙金属件锈蚀照片

6.2.2.2 结构失效

引发建筑幕墙结构失效的原因可来自多方面,包括结构设计不当引发的失效,如幕墙玻璃抗风压、抗震、抗冲击不足造成玻璃整体破裂;隐框玻璃幕墙的结构胶及中空玻璃二道密封胶打胶宽度不足造成玻璃外片整体坠落;铝合金型材因型材尺寸及壁厚过小造成型材变形严重;预埋件、后埋件、连接螺栓、紧固螺栓尺寸过小造成脱落或断裂;螺栓紧固件数量不够造成承载能力不足;拉索、拉杆拉力松弛造成幕墙构件支撑力重分配或不足等。

南方某高铁大型枢纽站房,外立面采用单层索网玻璃幕墙,2011年建成投入使用。幕墙总面积约 18 000 m², 东西立面结构柱间距为 27 m,玻璃分格 2 250 mm×1 800 mm,南北立面幕墙钢架最大分格水平宽27 m,纵高23 m,玻璃宽 2 200 mm,高度 1 800 mm,如图 6-34 所示。

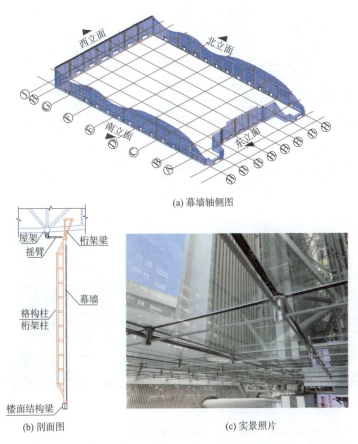

图 6-34 南方某高铁大型枢纽站房外立面单层索网玻璃幕墙

该幕墙拉索结构服役期间,多次发生拉索、锚具断裂、开裂,导致局部结构失效引起玻璃面板爆裂,如图 6-35 所示。

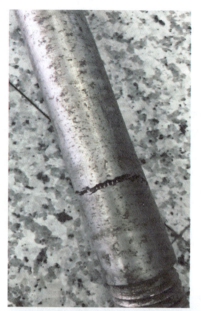

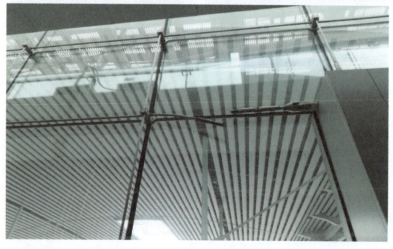

图 6-35　拉索、锚具断裂、开裂

因材料的性能退化、老化,施工中的偷工减料等也可引发玻璃幕墙结构失效。

对已发生结构失效的玻璃幕墙,需对其进行结构计算和验算,之后采取相应的修复措施。

第7章 既有幕墙的安全性评价

2003年,建设部等四部委发布《建筑安全玻璃管理规定》,要求定期进行玻璃幕墙安全检测与评估。同年,修订后的《玻璃幕墙工程技术规范》(JGJ 102—2003)规定,在幕墙工程竣工验收后一年时,应对幕墙工程进行一次全面的检查,以后每五年应检查一次。幕墙工程使用十年后应对该工程不同部位的硅酮结构密封胶进行粘接性能的抽样检查;此后每三年宜检查一次。

2006、2012、2015年住房和城乡建设部又多次发出通知,明确细化建筑幕墙安全性鉴定的需求,并给出了安全性鉴定的进行程序,规定了对既有玻璃幕墙的排查范围、内容、方式和步骤及相关要求,明确了既有玻璃幕墙安全维护责任人。

7.1 既有建筑幕墙定期安全性检查

7.1.1 基本规定

关于既有建筑幕墙定期安全性检查的基本规定如下:

1. 维护责任主体负责既有建筑幕墙的安全检查工作。例行安全检查由维护责任主体或其委托的管理单位实施,例行安全检查人员应经过专业培训;全面安全检查和专项安全检查应委托具有相关资质的单位进行。

2. 既有建筑幕墙维护责任主体或其委托的管理单位应建立安全维护档案资料,安全维护档案资料包括技术资料和管理资料。

(1)技术资料。应包含建筑幕墙竣工图、建筑幕墙结构计算书、建筑幕墙使用维护说明书、建筑幕墙隐蔽工程验收记录、索结构幕墙的预拉力张拉施工记录、建筑幕墙物理性能检测报告、幕墙主要材料质量证明(合格证、复检记录、质保证书)等文件的原件或复印件。

(2)管理资料。应包含"既有建筑幕墙基本概况表"[见《既有建筑幕墙安全检查技术规程(DB4401/T 152—2022)》附录A]、委托管理维护建筑幕墙的合同、既有建筑幕墙安全维护管理制度、突发事件处置预案、既有建筑幕墙安全检查计划、既有建筑幕墙日常报修及处理记录、既有建筑幕墙遭遇自然灾害或突发事故检查及处理记录、既有建筑幕墙局部改造资料等文件;达到安全检查期限的既有建筑幕墙,管理资料还应包括既有建筑幕墙例行安全检查及维修记录、既有建筑幕墙全面安全检查及整改记录、既有建筑幕墙专项安全检查及整改记录。

3. 对安全检查中所发现的与安全相关的重要问题应立即处理。

4. 既有幕墙建筑在室内及外围周边举行重要的大型公众活动前,或在强台风、超强台风、每年第一次台风来临前,应进行例行安全检查。

5. 当遭遇强风袭击、抗震设防烈度及以上地震、火灾等灾害或突发事故后,应进行例行安全检查,并对受损部位立即采取安全防护措施。根据检查结果和既有建筑幕墙的受损程度,决定维修、更换或进行全面安全检查。

7.1.2 全面检查内容和程序

全面安全检查的内容包括安全维护档案资料核查、现场检查等。

全面安全检查应按下列程序进行:

1. 受理委托。了解委托单位提出的全面安全检查原因和要求,收集安全维护档案资料。

2. 现场调查。按资料核对实物,调查既有建筑幕墙的实际使用情况,查看已发现的问题,听取有关人员的意见。

3. 制定方案。根据调查情况,确定检查目的、范围和内容,制定详细检查方案。

4. 核查资料。核查安全维护档案资料,包括技术资料和管理资料。

5. 现场检查。对幕墙面板、室外构件、开启窗、密封材料、硅酮结构密封胶、支承构件、连接构造、功能性构造等项目进行现场检查。

6. 评价报告。对检查结果进行分析评价,对发现的问题提出处理建议,编制并提交全面安全检查报告。

7.1.3 安全维护档案资料核查及评价

安全维护档案资料核查分为技术资料核查和管理资料核查。

技术资料核查应检查建筑幕墙竣工图、建筑幕墙结构计算书、建筑幕墙使用维护说明书、建筑幕墙隐蔽工程验收记录、索结构幕墙的预拉力张拉施工记录、建筑幕墙物理性能检测报告、幕墙主要材料质量证明等文件。

管理资料应按表 7-1 的规定进行核查及评价。

表 7-1 管理资料核查内容及评价标准

序号	核查内容	核查情况与评价等级			注明情况
		a	b	c	
1	既有建筑幕墙基本概况表	完整	不完整	没有	—
2	委托管理维护建筑幕墙的合同	完整	不完整	没有	—
3	既有建筑幕墙安全维护管理制度	完整	不完整	没有	—
4	突发事件处置预案	完整	不完整	没有	—
5	既有建筑幕墙安全检查计划	完整	不完整	没有	—
6	既有建筑幕墙日常报修及处理记录	完整	不完整	没有	—
7	既有建筑幕墙例行安全检查及维修记录	完整	不完整	没有	—
8	既有建筑幕墙全面安全检查及整改记录	完整	不完整	没有	首次检查
9	既有建筑幕墙专项安全检查及整改记录	完整	不完整	没有	未到专项安全检查期限
10	既有建筑幕墙遭遇自然灾害或突发事故检查及处理记录	有事故记录完整	有事故记录不完整	有事故无记录	无事故
11	既有建筑幕墙局部改造资料	有改造记录完整	有改造记录不完整	有改造无记录	无改造

注：1. 第 8 项为首次检查时、第 9 项为未到专项安全检查期限时，则注明情况，不作评价。
　　2. 第 10 项若无事故、第 11 项若无改造，则注明情况，不作评价。

7.1.4 现场检查项目及评价

现场检查包括幕墙面板、室外构件、开启窗、密封材料、硅酮结构密封胶、支承构件、连接构造、功能性构造 8 个部分。

现场检查项目的评价等级分为 a、b、c、d 四个等级，a 级为无缺陷，b 级为轻度缺陷，c、d 级为严重缺陷。

1. 幕墙面板现场检查评价标准见表 7-2。

表 7-2 幕墙面板现场检查评价标准表

缺陷等级	序号	评价依据
b	1	玻璃面板有缺损（面积≤1 cm²）
	2	夹层玻璃有局部分层、起泡、脱胶现象
	3	面板有明显污染、变色、镀膜破坏现象
c	1	玻璃面板出现破碎或玻璃面板有缺损（面积＞1 cm²）
	2	石材、陶板、瓷板、微晶玻璃板、石材蜂窝板等脆性面板有破碎、破裂
	3	面板之间有不正常挤压、错位或变形

续上表

缺陷等级	序号	评价依据
c	4	面板有松动、松脱、剥离等现象
	5	隐框幕墙中空玻璃丁基胶出现明显流油或不相容现象
	6	夹层玻璃有严重分层、起泡、脱胶现象
	7	中空玻璃中空层出现水汽或起雾

2. 室外构件现场检查评价标准见表 7-3。

表 7-3　室外构件现场检查评价标准表

缺陷等级	序号	评价依据
b	1	构件有明显锈蚀或局部变形
c	1	构件有破碎、破裂等现象
	2	构件有松动、松脱、裂纹、严重锈蚀等现象
	3	构件有不正常挤压、错位或变形
	4	构件有被不当拆卸、更改等现象

3. 开启窗现场检查评价标准见表 7-4。

表 7-4　开启窗现场检查评价标准表

缺陷等级	序号	评价依据
b	1	五金配件或固定五金配件的螺钉有明显锈蚀
	2	开启窗有启闭不顺畅
	3	密封胶条有硬化现象
	4	手动外开上悬窗开启距离大于 300 mm
c	1	隐框开启扇玻璃无托条
	2	合页(铰链)、滑撑、副撑、窗锁、滑轮、防脱块等五金配件损坏、松脱或缺失
	3	锁闭状态下,锁点、锁块未有效搭接,锁点中心至锁块斜坡小于 3 mm 或锁点高度方向与锁块的搭接量小于 2.5 mm
	4	固定五金配件的螺钉松动、损坏、缺失或严重锈蚀
	5	挂钩式开启窗无防脱限位措施或防脱限位措施不可靠
	6	开启窗不能正常启闭、明显变形
	7	开启窗闭合不紧密、有功能性损坏或障碍、下雨时出现持续渗漏
	8	密封胶条有脱落现象

4. 密封材料现场检查评价标准见表 7-5。

表 7-5　密封材料现场检查评价标准表

缺陷等级	序号	评价依据
b	1	硅酮耐候密封胶有明显粉化现象
c	1	硅酮耐候密封胶有明显脱胶、开裂或漏注胶现象
	2	密封胶条有脱落或漏装现象

5. 硅酮结构密封胶现场检查评价标准见表 7-6。

表 7-6　硅酮结构密封胶现场检查评价标准

缺陷等级	序号	评价依据
b	1	硅酮结构密封胶有明显干硬、非粘结面出现粉化现象
c	1	硅酮结构密封胶有明显龟裂或与基材分离的现象
	2	硅酮结构密封胶有明显剪切变形
d	1	隐框幕墙中空玻璃、隐框开启扇中空玻璃,粘结内外片玻璃的硅酮结构密封胶、粘结玻璃与型材的硅酮结构密封胶,不满足至少有一对边重合的要求
	2	隐框幕墙离线低辐射镀膜玻璃与硅酮结构密封胶粘结部位未作除膜处理
	3	隐框幕墙中空玻璃、隐框开启扇中空玻璃结构密封胶为聚硫胶

注:发现本表所述 c 级缺陷且面板或构件有坠落风险时,检查单位应建议委托单位提前进行硅酮结构密封胶专项安全检查,并立即采取适当的防护措施。

6. 支承构件现场检查评价标准见表 7-7。

表 7-7　支承构件现场检查评价标准表

缺陷等级	序号	评价依据
b	1	构件有明显锈蚀或局部损伤
c	1	构件之间有不正常挤压、错位或变形
	2	构件有松动、变形、裂纹、严重锈蚀等现象
	3	构件有被拆卸、更改等现象
	4	预应力索结构有明显松弛现象
	5	预应力索结构锚具有明显裂纹、钢绞线有断丝
	6	全玻及点支幕墙玻璃肋板有破碎、破裂

注:发现本表 c 级缺陷序号 4 所述的情况时,检查单位应建议委托单位提前进行预应力索结构专项安全检查。

7. 连接构造现场检查评价标准见表 7-8。

表 7-8　连接构造现场检查评价标准表

缺陷等级	序号	评价依据
b	1	埋件有明显锈蚀
	2	支座长孔处钢垫片未焊接
	3	支承构件的连接件有损伤或明显锈蚀
	4	支承构件的紧固件有明显锈蚀
	5	明框玻璃幕墙玻璃下部有弹性垫块,但数量少于 2 块或长度小于 100 mm 或厚度小于 5 mm
	6	点支承幕墙驳接头、驳接爪的衬垫、衬套有明显老化
c	1	埋件有严重变形、严重损伤或严重锈蚀
	2	连接件焊缝有开焊、明显裂纹或严重锈蚀
	3	支承构件之间的连接松动
	4	支承构件的连接件或紧固件损坏、缺失或严重锈蚀
	5	明框玻璃幕墙玻璃嵌入量小于 15 mm
	6	明框玻璃幕墙玻璃下部未设弹性垫块
	7	点支承幕墙驳接头、驳接爪有明显变形、松动
	8	石材及人造板材背部连接件有松动、损坏、严重锈蚀
d	1	隐框幕墙玻璃无托条
	2	隐框玻璃幕墙采用自攻螺钉固定玻璃面板
	3	明框玻璃幕墙采用自攻螺钉固定承受水平荷载的玻璃压条

8. 功能性构造现场检查评价标准见表 7-9。

表 7-9　功能性构造现场检查评价标准

缺陷等级	序号	评价依据
c	1	幕墙防雷装置有松动、开焊或缺失
	2	幕墙防火构造有松动、松脱或被拆除
	3	幕墙变形缝有松动、脱落、变形或开裂
	4	幕墙墙面转角构造节点有松动、错位或明显变形
	5	幕墙的排水系统明显堵塞、积水
	6	开放式幕墙的防水层明显损坏或失效
	7	幕墙室内侧有严重渗漏现象

7.2　既有建筑幕墙安全检测鉴定

7.2.1　检测评价鉴定范围

有下列情况之一的建筑幕墙应进行安全性检测与评估:

1. 使用中的定期可靠性鉴定。

2. 原设计或制作、安装存在较严重的缺陷,需鉴定其实际承载能力和工作性能;国家相关建筑幕墙设计、制作、安装和验收等技术标准规范实施之前完成建设的建筑幕墙。

3. 停建建筑幕墙工程复工前。

4. 未经验收投入使用的建筑幕墙。

5. 工程技术资料、质量保证资料不齐全。

6. 当遭遇地震、火灾、雷击、爆炸或强风袭击后出现幕墙损坏情况。

7. 面板、连接构件、局部墙面等出现异常变形、脱落、爆裂、构件损坏等现象的。

8. 玻璃幕墙主体结构经检测、评估存在安全隐患;相关建筑主体结构经日常巡查、定期检查疑似存在安全隐患的。

9. 玻璃幕墙使用过程中发现质量问题的。

10. 超过设计使用年限或者目标使用年限但需要继续使用的。

11. 其他需要进行安全性检测与评估的情况。

7.2.2 检测评估周期

国家有关法规标准要求建筑幕墙安全检查应定期进行检测与评估,具体检测评估要求如下:

1. 维护单位应视项目规模及重要性定期进行例行安全检查。

2. 建筑幕墙工程竣工验收 1 年后,对幕墙工程进行一次全面安全检查,此后应至少每 5 年全面安全检查一次。

3. 使用年限达到 10 年后,应对该工程的硅酮结构密封胶进行专项安全检查,此后每 3 年宜检查一次。

4. 施加预拉力的拉杆或拉索结构的幕墙工程在工程竣工验收后 6 个月时,必须对工程进行一次全面的预拉力检查和调整,此后每 3 年一次。

5. 竣工验收后 10 年及达到 25 年设计年限的建筑幕墙,应进行安全性鉴定。

7.2.3 检测评估的主要内容

对建筑幕墙进行检测评估的主要内容如下:

1. 检测评估包括安全维护档案资料核查和现场检查。

2. 安全维护档案资料包括技术资料和管理资料。

3. 现场检查包括对幕墙面板、室外构件、开启窗、密封材料、硅酮结构密封胶、支承构件、连接构造、功能性构造等项目进行现场检查。

4. 使用过程中发现的安全问题的调查、检测。
5. 结构承载能力验算。
6. 使用、维护和改造建议。

7.2.4 检测评估流程

既有建筑幕墙的安全性检测与鉴定,应按以下程序开展,既有建筑幕墙安全检测评估流程如图 7-1 所示。

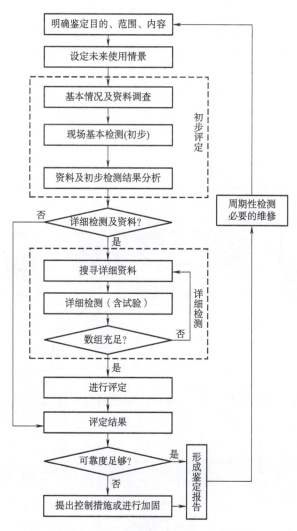

图 7-1 既有建筑幕墙安全检测评估流程

1. 检测机构受理委托;
2. 进行初始调查、现场查勘和资料收集;
3. 制定检查检测方案并经有关各方确认;
4. 竣工图纸、计算书、工程质量保证资料检查;
5. 现场检查与检测;
6. 结构承载能力验算;
7. 分析论证、安全性评估定级;
8. 提出处理意见,出具检验评估报告。

7.3 既有建筑幕墙安全现场检测仪器设备

7.3.1 玻璃检测仪器

1. 钢化玻璃鉴别仪

采用自然光作为光源,利用偏振片的反射和光强差判断待检玻璃的表面应力状态,无需任何电源,可用肉眼直接观察并能判断出是否属于钢化玻璃,作为幕墙用钢化玻璃的鉴别设备,如图 7-2 所示。

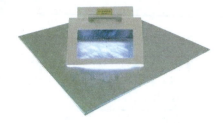

图 7-2 钢化玻璃鉴别仪

2. 钢化玻璃应力检测仪

采用动态激光偏振散射法,通过偏振激光技术、高速图像采集技术和数字化偏光器技术对玻璃的应力状态进行测量,能够测量幕墙钢化玻璃表面应力大小和应力分布,如图 7-3 所示。

3. 低辐射(Low-E)玻璃检测仪

利用 Low-E 玻璃镀膜层具有对可见光高透过及对中远红外线高反射的特性对 Low-E 玻璃进行检测,可以判断幕墙玻璃是否为 Low-E 玻璃和 Low-E 膜面位置。使用时,将仪器平放接触到玻璃表面,按下按钮后,相应的指示灯会亮起,如图 7-4 所示。

图 7-3　钢化玻璃应力检测仪

图 7-4　Low-E 玻璃检测仪

4. 测厚膜面检测仪

美国 EDTM 公司研发的 GC3200，可用于测量双中空及夹胶玻璃的厚度、空气层/夹胶膜层厚度及玻璃总厚度，可便捷地测出 Low-E 膜面的位置和 Low-E 膜属性（软膜/硬膜），可识别单银、双银及三银 Low-E 镀膜。GC3000 可用来测量中空玻璃的玻璃厚度、空气层厚度及总厚度，并能鉴别 Low-E 镀膜位置，可识别单银、双银及三银 Low-E 镀膜；GC2001 可用于检测中空玻璃每片玻璃、空气层厚度及总厚度，同时能鉴别出 Low-E 膜面的位置。检测仪器如图 7-5 所示。

5. 中空玻璃测厚仪

用于测量中空玻璃及中空腔的厚度，具有小巧便携、测量速度快、自动扣除环境光的优点，特别适合对已安装建筑玻璃、门窗玻璃进行现场测量，如图 7-6 所示。

6. 中空玻璃惰性气体检测仪

芬兰 Sparklike 手持式惰性气体分析仪采用瞬间放电摄谱法检测中空玻璃气体含量，无须破坏被测中空玻璃即可测量腔内氩气或氪气的含量，测量结果准确，重复性好。

图 7-5　Low-E 中空玻璃厚度膜面检测仪

图 7-6　中空玻璃测厚仪

　　Sparklike 激光气体分析仪可以检测和分析单腔和三玻两腔中空玻璃间隔层内惰性气体含量，不受镀膜和夹胶片配置的限制，且准确地判定中空玻璃的间隔层和玻璃片的厚度，在生产过程中任何阶段都可以进行分析和测量。分析仪还可与既有的自动充气中空生产线进行集成，实现在线检测。惰性气体检测仪如图 7-7 所示。

　　7. 中空玻璃露点检测仪

　　便携型的中空玻璃露点检测仪冷阱温度调节范围大、温度调节梯度小、冷容量大（规定试验时间内温度波动小）、冷散失量小，可对水平放置或垂直放置的建筑幕墙中空玻璃进行露点现场检测，如图 7-8 所示。

　　8. 幕墙玻璃光学性能检测仪

　　CTC 研制的对幕墙玻璃透过率测试仪可以测试玻璃对可见光、红外和紫外三个波段的透射比；AOPTEK 研制的"GlasSmart1000"可检测玻璃对光谱的透射比和反射比、太阳光直接透射比和反射比、太阳能总透射比，计算遮阳系数（SC）、太阳能得热系数（SHGC）、玻璃传热系数（K）、光热比（LSG），以及判别 Low-E 膜面位置、Low-E 膜面辐射率、玻璃厚度和气体间隔层厚度等，是玻璃幕墙节能玻

图 7-7　惰性气体检测仪

图 7-8　中空玻璃露点现场检测仪

璃现场综合测试系统,通过测量现场节能玻璃综合光学及热工参数,实现对工程现场进场玻璃及已经上墙的玻璃的性能测试与评价,适用于建筑节能工程施工现场或已完工项目现场的玻璃幕墙、门窗玻璃的性能检测;EDTM 研制的 WP4500 可以现场检测开启窗扇玻璃的可见光、红外和紫外三个波段的透射比以及太阳能得热系数(SHGC),此外,EDTM 还有一系列不同功能的玻璃光学性能在线检测设备。各种常用玻璃光学性能检测仪器如图 7-9 所示。

图 7-9　玻璃光学性能检测仪器

7.3.2　金属涂层厚度检测仪

1. 涂层测厚仪

采用磁性或者电涡流两种测量方法，可无损地检测磁性金属基体上非磁性覆盖层的厚度（如钢、铁、合金和硬磁性钢上的铝、铬、铜、锌、锡、橡胶、油漆等），以及非磁性金属基体上非导电的绝缘覆盖层的厚度（如铝、铜、锌、锡上的橡胶、塑料、油漆、氧化膜等），可用于钢结构镀锌层厚度检测、铝板涂层厚度检测。涂层测厚仪器如图 7-10(a) 所示。

2. 超声测厚仪

超声波测厚仪采用超声波测量原理，即探头发射的超声波脉冲到达被测物体并在物体中传播，到达材料分界面时被反射回探头，通过精确测量超声波在材料中传播的时间来确定被测材料的厚度。适用于能使超声波以一恒定速度在其内部传播，并能从其背面得到反射的各种材料厚度的测量。适用于各种穿透涂层、基层（钢、铝等）等厚度检测，可检测钢板厚度、铝合金基材厚度等。超声测厚仪如图 7-10(b) 所示。

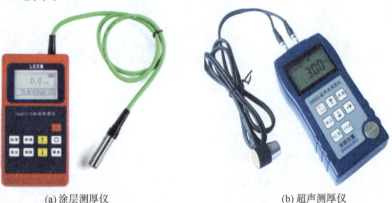

(a) 涂层测厚仪　　　　　　　　　　(b) 超声测厚仪

图 7-10　涂层测厚仪与超声测厚仪

7.3.3 视觉检测仪器

1. 智能型裂缝测宽仪

主要将 CCD 摄像头对准被测裂缝,在显示屏上可看到被放大的裂缝图像,根据裂缝图像所占刻度线长度,读取裂缝宽度值。智能型裂缝检测仪可用于石材裂缝宽度检测,如图 7-11 所示。

图 7-11　智能型裂缝测宽仪

2. 工业内窥镜

工业内窥镜集光、机、电、图像处理软件于一体,配备高分辨率彩色监视器或 USB 口的笔记本电脑,携带更方便,观察图像更清晰,使操作者利用高倍清晰彩色 CCD,将观察到的疑点及探伤部位,借助独有的专业软件处理系统,进行冻结、放大、分析、测量、打印报告,极大地提高了判断管道内壁探伤部位的准确性。可对幕墙隐蔽部位的外观进行检测,比如石材幕墙背部连接件的锈蚀状况。工业内窥镜如图 7-12 所示。

图 7-12　工业内窥镜

3. 红外热像仪

红外热像仪是利用红外探测器和光学成像物镜接受被测目标的红外辐射能量分布图形,反映到红外探测器的光敏元件上,从而获得红外热像图,这种热像图与物体表面的热分布场相对应。通俗地讲就是热像仪将物体发出的不可见红外能量转变为可见的热图像,热图像上面的不同颜色代表被测物体的不同温度。红外热像仪可用于各类建筑幕墙渗水和热工缺陷的现场检测,如图 7-13 所示。

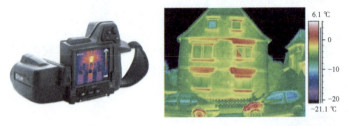

图 7-13　红外热像仪

7.3.4　拉索张力检测仪

拉索幕墙使用一段时间后,张拉索索力会产生变化,可能对结构安全造成危害,玻璃幕墙拉索张力检测仪利用不同张紧程度的索刚度不同来测定拉索内力,仪器本身具有张紧力的绳索结构,不需拆卸即可直接测量,可用于检测张拉索幕墙索力值,如图 7-14 所示。

图 7-14　拉索张力检测仪

7.3.5　其他检测仪器

除了上述介绍的建筑幕墙现场检测设备外,还利用测绘仪器对幕墙进行测绘测量,例如:经纬仪、水准仪、激光测距仪等。

第8章 铁路站房建筑幕墙安全管理与维护

8.1 我国幕墙安全管理及维护的法规文件

1.《加强建筑幕墙工程管理的暂行规定》(建建〔1997〕167号)

建设部1997年7月8日发布的《加强建筑幕墙工程管理的暂行规定》(建建〔1997〕167号),其中第六章第二十条:建设项目法人对已交付使用的玻璃幕墙的安全使用和维护负有主要责任,按国家现行标准的规定,定期进行保养,至少每五年进行一次质量安全性检测。

2.《玻璃幕墙工程技术规范》(JGJ 102—2003)

建设部2003年11月14日发布的《玻璃幕墙工程技术规范》(JGJ 102—2003)规定"在幕墙工程竣工验收后一年时,应对幕墙工程进行一次全面的检查,以后每五年应检查一次。""幕墙工程使用十年后应对该工程不同部位的硅酮结构密封胶进行粘接性能的抽样检查;此后每三年宜检查一次"。

3.《既有建筑幕墙安全维护管理办法》(建质〔2006〕291号)

2006年12月5日,建设部下发了"关于印发《既有建筑幕墙安全维护管理办法》的通知",通知要求各省、自治区建设厅,直辖市建委(规划委),新疆生产建设兵团建设局要结合本地实际认真贯彻执行《既有建筑幕墙安全维护管理办法》,做好既有建筑幕墙的安全维护管理工作。明确了既有建筑幕墙的安全维护实行业主负责制,确定建筑幕墙的安全维护责任人对其建筑幕墙的安全维护负责。这是我国首次对建筑幕墙的安全维护责任作出明确界定。

既有建筑幕墙的日常维护、检修可委托物业管理单位或其他专门从事建筑幕墙维护的单位进行。安全维护合同应明确约定具体的维护和检修内容、方式及双方的权利和义务。

从事建筑幕墙安全维护的人员必须接受专业技术培训。既有建筑幕墙大修的时间和内容依据安全性鉴定结果确定,由具有相应建筑幕墙专业资质的施工企业进行。既有建筑幕墙的维护与检修,必须按照国家有关规定,保证安全维护人员的作业安全。

安全维护责任人对经鉴定存在安全隐患的既有建筑幕墙,应当及时设置警示标志,按照鉴定处理意见立即采取安全处理措施,确保其使用安全,并及时将鉴定结果和安全处置情况向当地建设主管部门或房地产主管部门报告。

4.《关于进一步加强玻璃幕墙安全防护工作的通知》(建标〔2015〕38号)

2015年3月4日,为进一步加强玻璃幕墙安全防护工作,保护人民生命和财产安全,住房和城乡建设部、国家安全监管总局联合印发《关于进一步加强玻璃幕墙安全防护工作的通知》(建标〔2015〕38号),要求切实加强玻璃幕墙安全防护监管工作,明确要求:

(1)各级住房城乡建设主管部门要进一步强化对玻璃幕墙安全防护工作的监督管理,督促各方责任主体认真履行责任和义务。安全监管部门要强化玻璃幕墙安全生产事故查处工作,严格事故责任追究,督促防范措施整改到位。

(2)新建玻璃幕墙要严把质量关,加强技术人员岗位培训,在规划、设计、施工、验收及维护管理等环节,严格执行相关标准规范,严格履行法定程序,加强监督管理。对造成质量安全事故的,要依法严肃追究相关责任单位和责任人的责任。

(3)对于使用中的既有玻璃幕墙要进行全面的安全性普查,建立既有幕墙信息库,建立健全安全监管机制,进一步加大巡查力度,依法查处违法违规行为。

5.《上海市建筑玻璃幕墙管理办法》(沪府令77号)

6.《广州市建筑玻璃幕墙管理办法》(2017年5月18日广州市人民政府令第148号公布 根据2019年11月14日广州市人民政府令第168号修订)

7.《既有建筑幕墙安全检查技术规程》(DB 4401/T 152—2022)

8.《既有建筑幕墙安全检查技术标准》(SJG 43—2022)

9.《建筑幕墙可靠性鉴定技术规程》(DBJ/T 15-88—2022)

8.2 幕墙维保发展现状

随着城市建设的发展,超龄服役的幕墙将会越来越多,将超龄幕墙进行整体拆除更换,并不符合现阶段国情,也是对资源的浪费。

投入使用的幕墙建筑均可能存在安全隐患。这些安全隐患,往往在建筑的使用过程中经常被忽视,甚至非专业的维修处理会导致幕墙更为严重的风险隐患。对幕墙进行日常安全检查检测,及时发现功能障碍及安全隐患,通过维修保养降低安全风险和使用舒适性,可以有效延长幕墙的使用寿命,对超龄幕墙通过检测及局部维修,就可以避免幕墙整体拆除的命运,节约社会资源。国家和行业标准中明确要求在幕墙工程竣工验收后一年时,应对幕墙工程进行一次全面的检查,此后每五年应检查一次,使用十年后应该每三年检查一次。建设部颁布的《既有建筑幕墙安全维护管理办法》要求玻璃幕墙还需要每隔 10 年左右要进行安全鉴定。

虽然对幕墙检测维修时间在相关规范都有规定,但由于缺乏强制措施和统一标准,很多业主出于费用等方面的考虑,对幕墙的安全检查及维修保养重视不足,致使危险隐患不能及时发现,最终导致安全事故的发生。幕墙维修保养面临的问题主要在以下几个方面:

1. 维保公司鱼龙混杂。由于行政管理部门未制定对从事幕墙维保企业的资格认定和准入许可,缺乏相应的技术规范和管理标准,进入该行业的门槛较低。部分幕墙由业主所雇佣的物业公司自行进行维保。部分幕墙维保公司其本身就是做清洁的家政公司,只要雇几个人,再租赁几台吊篮等设备,甚至有的直接用"蜘蛛人"就从事幕墙维保,因此,对安全隐患的整治以及保养手段工艺质量无法保证。

2. 整体市场大,有效市场小。目前我国幕墙保有量占全球的 50% 左右,需要进行检测及维保的既有建筑幕墙市场量相当巨大。但因为对既有幕墙的维保检修没有强制性规定,缺乏有效的行政管理手段,加之费用问题,聘请专业公司进行幕墙维保的,是少数有一定资金实力的企事业单位及机构。这个看似巨大的幕墙维保市场其实有效份额非常少。

3. 招投标程序不健全,存在非良性竞争。由于幕墙维保本身并不纳入工程项目范畴,没有工程项目相关法律法规的约束。故而,除了政府性投资的维保业务,大部分的维保业务并不需要走招投标程序。这就产生了权力寻租的空间,从而导致承揽该业务的公司出现非良性竞争现象,十分不利于行业发展。

国内目前的幕墙维护主要集中在幕墙发生问题后的小范围的维修阶段,属于事后补救,缺乏科学的、系统的幕墙维保解决方案。虽然国内关于建筑幕墙维保的法律法规还相对滞后,比如关于建筑幕墙建筑的清洁、检测、维修加固的时限,维修资金的落实等,都还没有法律上的规定。而随着政府对城市安全重视程度的增加,将会不断地完善幕墙安全管理及检测维保行业的相关管理,幕墙维保行业将会越来越规范,进而促进幕墙维保行业的良性发展。

8.3　常见建筑幕墙安全隐患的防范与治理

8.3.1　面板安全隐患的防范与治理

玻璃是建筑幕墙最常见的面板之一,针对钢化玻璃面板自爆时有发生的情况,防范其危害的措施已日益引起重视。

由于钢化玻璃的自爆,事先无征兆,并且与产品出厂时间长短无关,虽然自爆的概率很小,且自爆后呈粉碎性的小颗粒状,但是,在人流密集繁华地段,当小颗粒玻璃从高处掉落时,仍会使人员和财物遭到击打,造成危害,对环境安全产生不良影响。

住房和城乡建设部、国家安全监管总局《关于进一步加强玻璃幕墙安全防护工作的通知》(建标〔2015〕38号)规定:

(1)新建玻璃幕墙要综合考虑城市景观、周边环境以及建筑性质和使用功能等因素,按照建筑安全、环保和节能等要求,合理控制玻璃幕墙的类型、形状和面积。鼓励使用轻质节能的外墙装饰材料,从源头上减少玻璃幕墙安全隐患。

(2)新建住宅、党政机关办公楼、医院门诊急诊楼和病房楼、中小学校、托儿所、幼儿园、老年人建筑,不得在二层及以上采用玻璃幕墙。

(3)人员密集、流动性大的商业中心,交通枢纽,公共文化体育设施等场所,临近道路、广场及下部为出入口、人员通道的建筑,严禁采用全隐框玻璃幕墙。以上建筑在二层及以上安装玻璃幕墙的,应在幕墙下方周边区域合理设置绿化带或裙房等缓冲区域,也可采用挑檐、防冲击雨篷等防护设施。

(4)玻璃幕墙宜采用夹层玻璃、均质钢化玻璃或超白玻璃。采用钢化玻璃应符合国家现行标准《建筑门窗幕墙用钢化玻璃》(JG/T 455)的规定。

(5)新建玻璃幕墙应依据国家法律法规和标准规范,加强方案设计、施工图设计和施工方案的安全技术论证,并在竣工前进行专项验收。

(6)采用相关技术措施,如采用光弹扫描技术排查钢化玻璃自爆源,更换自爆风险较大的玻璃面板。

8.3.2　结构密封胶安全隐患的防范与治理

隐框玻璃幕墙或隐框做法的开启扇等,面板使用硅酮结构胶粘结的面板框架组件,因胶体与粘结界面的相容性问题、打胶施工时的基底处理及环境污染、材质等问题,发生老化、龟裂、塑性变形、起泡等现象,粘结性能下降,严重的发生面板脱落。

安全检查中应采集现场样件送结构粘结胶实验室,进行结构胶的性能试验和数据分析。

针对检查出结构胶明显有老化或龟裂痕迹的部位,应拆除原有副框和玻璃,在洁净的环境下打胶,并保证结构粘结胶和密封胶的相容。

8.3.3　开启扇维护与管理

开启窗的五金件由于材质及防锈处理、窗扇使用不当等问题,造成变形、锈蚀、卡死、缺损等情况,导致窗扇支承安全度不足甚至脱落,造成危害。

开启扇的维护与保养工作如下：
(1)定期对开启扇的五金件工作状态及使用功能进行检查。
(2)备留部分开启窗的五金配件，在开启窗发生问题时可立即予以更换。
(3)大风或暴雨时期，应做好前期的通报工作。根据《玻璃幕墙工程技术规范》(JGJ 102—2003)的规定"雨天或 4 级以上风力的天气情况下不宜使用开启窗；6 级以上风力时，应全部关闭开启窗"。

8.3.4　幕墙支承结构的维护与管理

关于幕墙支承结构的维护与管理，应作如下工作：
(1)定期对支承结构进行安全检查。
(2)室内进行二次装修施工时，勿破坏幕墙结构构件，包括预埋件、框架结构与预埋件的连接铁件以及其他的连接件等，未经同意不得进行焊接、切割或破坏连接螺栓。未经同意不得在连接铁件上增加任何荷载。
(3)幕墙的主梁及横梁是幕墙的主要承力构件，不能承受其他荷载。在进行内装修时，未经同意不得在框架上钻孔或悬挂室内吊顶等构件，也不能作为其他受力构件。
(4)幕墙玻璃与室内装饰物之间的间隙不宜少于 10 mm；幕墙龙骨与室内装饰物之间的间隙不宜少于 5 mm；其缝隙采用弹性密封胶填充密封。
(5)发现幕墙构件或附件的螺栓、螺钉松动或锈蚀时，应及时拧紧或更换。当发现幕墙钢构件锈蚀时，应及时除锈补漆或采取其他防锈措施。

8.3.5　其他安全管理及维护要求

(1)室内空调位置应注意风口不宜设置在玻璃幕墙位置或与之距离过近。
(2)使用过程中发现门、窗启闭不灵活或附件损坏等现象时，应及时修理和更换。
(3)保持幕墙排水系统的畅通，发现堵塞应及时疏通。
(4)铝型材、玻璃、金属板等幕墙装饰材料的装饰面均不能用尖利的金属进行刮削。如有强酸、强碱等强腐蚀性的物质沾在幕墙材料的装饰面上，应立即用柔软的棉布擦拭干净，并用清水冲洗。
(5)在人员离开时，可开启部分(开启窗)应处于关闭锁好状态。
(6)出现恶劣天气如台风、暴雨等之前应仔细检查可开启部分是否处于关闭状态。
(7)可活动部分要经常涂润滑油，保持灵活，避免锈蚀。
(8)不得任意拆除或破坏幕墙的附属系统，如防火系统、避雷系统等。

第 9 章 铁路站房既有幕墙检测技术

9.1 钢化玻璃自爆原因与检测技术

中国是世界上玻璃幕墙最多的国家(超过世界总量的 50%)。我国幕墙用玻璃主要包括单层钢化玻璃、钢化夹胶玻璃、钢化中空玻璃、普通夹胶玻璃等品种,其中钢化玻璃是幕墙中应用最广泛的玻璃品种。

近几年,玻璃幕墙破裂事故频繁发生,特别是钢化玻璃自爆伤人事故尤为突出。

一般认为玻璃自爆起因可分为两种:一是由玻璃中可见缺陷引起的自爆,如表面划痕或边缘缺陷的发展等。二是由玻璃中硫化镍(NiS)等杂质发生相变膨胀引起的自爆。前者检测相对容易,故生产中可控。后者则主要由玻璃中微小的硫化镍颗粒体积膨胀引发,无法简易检验,故不可控。在实际处理时,前者一般可以在安装前剔除,后者因无法检验而继续存在,成为使用过程中钢化玻璃自爆的主要因素,一般提到的自爆均指后一种情况。

由于硫化镍引发的自爆无法预测,且在服役中的自爆会造成较大的经济损失,故被称为"玻璃癌症"。实际上除了硫化镍之外,只要是存在于玻璃内部的杂质颗粒,若膨胀系数与玻璃不相同,都可能导致玻璃的自爆。

9.1.1 钢化玻璃的应力分布

钢化玻璃是一个应力平衡体,表层为压应力,而中间层为拉应力,物理钢化玻璃比化学钢化玻璃具备了更大的应变能,其应力分布如图 9-1 所示。

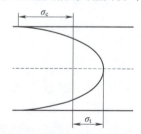

图 9-1 钢化玻璃拉压应力分布示意图

9.1.2 钢化玻璃缺陷与应力集中

工程应用中的钢化玻璃难免会含有微小的缺陷和杂质,如果这些缺陷位于钢化玻璃拉应力层中,容易产生应力集中。一旦应力累计超过了玻璃的本征强度,则会产生钢化玻璃破裂现象。如果玻璃内部有缺陷如微裂纹、杂质等,由于局部应力集中引起拉应力的叠加,更容易引起玻璃的自爆。

钢化玻璃自爆的典型破坏形貌如图 9-2 所示,其共同特征是破坏源处都有一对蝴蝶形状的碎片(蝴蝶斑),蝴蝶斑中间的界面上通常为破坏源发生点[如图 9-2(a)中点 A 所示],并能找出引起破坏的杂质颗粒。这些小颗粒都是在距玻璃表面有一定深度的拉应力层,如图 9-2(b)所示。图 9-2(b)中的痕迹清楚地显示了破坏过程,首先由于颗粒膨胀在玻璃的拉应力区引起局部一次开裂,进而产生二次破裂和整体破碎。

 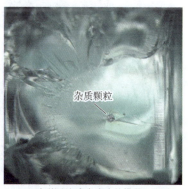

(a) 钢化玻璃自爆后破坏源附近的光学照片　　(b) 破裂源处玻璃碎片的横截面照片

图 9-2　玻璃自爆残片的电镜观察和成分分析

通过对玻璃自爆残片的电镜观察和成分分析,发现引起钢化玻璃自爆的来源不仅仅是传统认识中的硫化镍微粒,还有许多其他异质相颗粒,如:单质硅、氧化铝和偏硅铝酸钠等。除了这些引起自爆的颗粒成分不同之外,杂质颗粒的形貌也可分为两类,一类是圆球形的颗粒,另一类是不规则带有棱角的碎粒。

图 9-3 是各种杂质颗粒的电镜图片。其中,图 9-3(a)、图 9-3(b)、图 9-3(c)均为球形的小颗粒,多为硫化镍和单质硅,其余的图 9-3(d)和图 9-3(f)是形状不规范的小碎粒。它表明各种杂质都可能引起钢化玻璃内部的应力集中,从而导致玻璃的自爆。

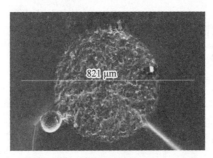

(a) 单质硅颗粒

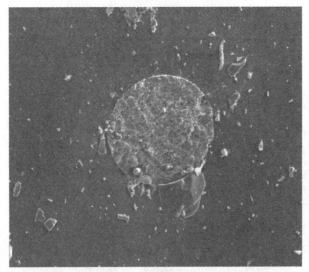

(b) 硫化镍

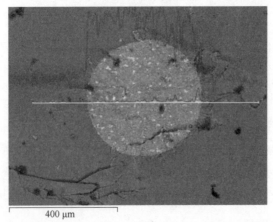

(c) 硅

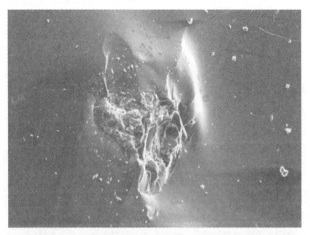

(d) $Na_2Al_2Si_5O_{10}$

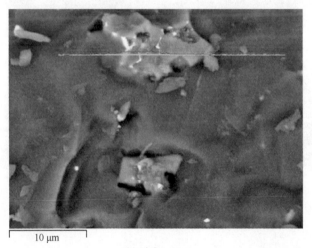

(e) Al_2O_3

图 9-3 钢化玻璃自爆后断裂源的横截面杂质颗粒及其形貌分析

应力集中的原因多种多样，对于杂质存在的条件下，应力集中产生的主要原因为杂质颗粒与周边玻璃之间，在界面上产生挤压。根据弹性理论，这种挤压应力主要由温差和两种材料膨胀系数之差及弹性系数所决定。

采用有限元对不同自爆源微粒尺寸引起自爆的力学机理进行了分析，如图 9-4 所示。异质颗粒尺寸越大，造成的应力集中现象越明显，产生自爆的风险越大。当颗粒尺寸足够小时，产生的自爆风险会很小。

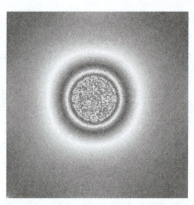

(a) 有限元模拟单质硅颗粒在玻璃冷却过程中的热应力分布中的剪应力图

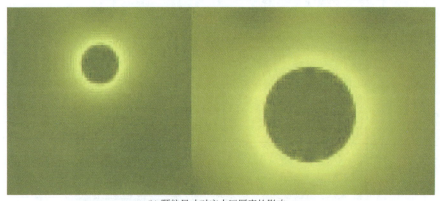

(b) 颗粒尺寸对应力区厚度的影响

图 9-4　有限元分析

9.1.3　光弹扫描法检测自爆风险技术

玻璃是一种典型光弹性材料,可通过光弹设备检测到玻璃内部的应力存在。

由 9.1.2 分析可知,钢化玻璃自爆源附近有应力集中,且这种应力集中具备光弹效应,或者说,自爆是由于应力集中所引起,因此,通过光弹设备就能够发现自爆源附近因应力集中导致的应力光斑,从而为检测自爆源提供了一种间接手段。图 9-5 为玻璃含杂质及其附近的应力集中显微光弹斑图像。

用于现场检测钢化玻璃自爆源的光弹仪可以分别设计成透射式和反射式两种形式,图 9-6 和图 9-7 分别为透射式和反射式光弹仪结构示意图。

第9章 铁路站房既有幕墙检测技术

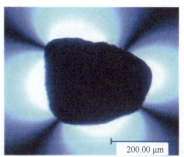

图 9-5 显微镜和偏光显微镜所看到的玻璃内部杂质及其附近的应力光斑图

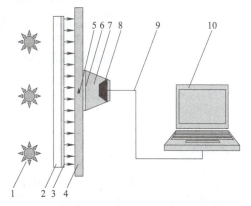

1—光源；2—有机玻璃平板；3—起偏片；4—玻璃检测样品；5—缺陷或杂质；6—检偏片；7—暗箱；
8—工业相机；9—数据连接线；10—计算机。

图 9-6 检测玻璃缺陷的透射式光弹装置示意图

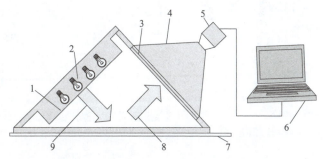

1—起偏片；2—光源；3—检偏片；4—暗箱；5—工业相机；6—计算机；7—玻璃；8—偏振光；9—偏振光。

图 9-7 反射式光弹扫描仪原理和结构示意图

北京国检集团包亦望研究团队研制了适用于现场检测钢化玻璃自爆源及自爆风险的透射、反射两用光弹扫描仪,其结构示意图和实物图如图 9-8 所示。研发的钢化玻璃自爆源与自爆风险现场检测光弹扫描仪,可实现现场对钢化玻璃自动扫描,当发现自爆源应力光斑时,配套的软件可对自爆源及其自爆源光斑的位置、形貌、大小、明亮程度进行分析,从而预测钢化玻璃自爆源的自爆风险程度。图 9-9 为采用本设备在现场检测照片及其检测到的幕墙玻璃自爆源应力光斑。

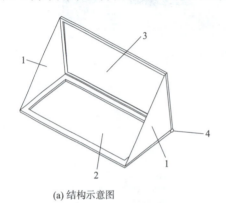
(a) 结构示意图

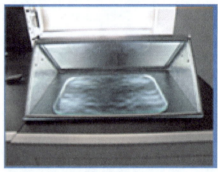
(b) 实物图

1—支撑三角板;2—起偏片;3—检偏片;4—连接构件。

图 9-8 透射、反射式两用光弹扫描仪

(a) 现场检测照片

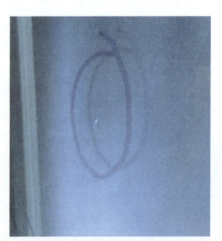
(b) 检测到的钢化玻璃自爆源应力光斑

图 9-9 钢化玻璃自爆源现场检测照片及检测到的应力光斑

9.1.4 钢化玻璃自爆风险等级评估标准

因引发钢化玻璃自爆的各种缺陷受多种因素影响，如缺陷种类、大小、分布位置及玻璃所处的环境等，其中危害最大的是玻璃内部的硫化镍粒子。因此，现场检测时，需对检测到的缺陷进行分类，并对其引发玻璃自爆风险进行分级。

根据检测到的缺陷对钢化玻璃自爆风险进行评估，应划分为四个风险等级，具体划分方法如下：

——a_u级：不易发生自爆风险。对于内部无异质颗粒、气泡及表面无划伤、灼伤、磕伤等缺陷的玻璃，其自爆或破裂概率极低。

——b_u级：自爆风险较低。对于内部存在气泡及分布于压应力区的异质颗粒、玻璃表面存在划伤、灼伤、磕伤等的玻璃，其自爆风险较低。

——c_u级：存在一定自爆风险。对于内部存在分布于拉应力区的单个或多个浅色异质颗粒的玻璃，其具有一定的自爆风险。

——d_u级：较易发生自爆。对于内部存在分布于拉应力区的单个或多个深色异质颗粒的玻璃，其具有较高的自爆风险。

9.1.5 钢化玻璃缺陷现场检测典型样本

因玻璃内部缺陷非常微小，基本处于 0.1～1 mm 之间，因此，如需更进一步确定缺陷类型及形貌，需对缺陷进行放大至 50 倍以上进行观察。对检测到的幕墙玻璃的典型缺陷样本归纳如下：

1. NiS 杂质

NiS 杂质是引发钢化玻璃自爆的最主要因素（占 80％以上），对硫化镍杂质采用光学放大镜放大观察，可见其形貌呈球状或椭球状颗粒，金黄色且与玻璃不浸润，如图 9-10(a)所示。因硫化镍相变膨胀后一般会对玻璃形成很大的挤压应力，这种挤压应力甚至会在其周边形成微裂纹，如图 9-10(b)所示。

2. 玻璃中其他异质颗粒

一般表现为形状不规则，颜色有白色、黄色及黑色不等，大部分与玻璃浸润且与玻璃粘结紧密，图 9-11 为现场检测发现的几种存在于玻璃内部的其他异质颗粒，也是玻璃内部最常见的几种异质颗粒。这类异质颗粒如果颜色为白色，则其引发自爆风险概率不大；如为黄色或黑色等深色颗粒，因太阳光照射容易吸热造成温度升高，具有一定的引发自爆风险。

3. 气泡

气泡在玻璃内部是比较常见的缺陷，尺寸在 0.2～2 mm 之间居多，在检测过程中，发现气泡周围的应力集中光斑一般会比较明显，如图 9-12(a)所示，但因气泡引

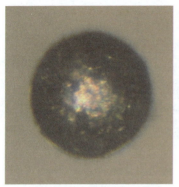
(a) 采用光学放大镜看到的NiS杂质

(b) NiS杂质附近的裂纹

图 9-10 玻璃内 NiS 杂质典型形貌图(光学放大照片)

(a) 未熔石英结石

(b) 莫来石

(c) 析晶结石

图 9-11 检测到玻璃内部的异质颗粒

发的钢化玻璃自爆概率较低。通过对检测到的气泡放入均质炉中进行均质,未发现有在炉中爆裂现象。图 9-12(b)为典型气泡光学放大照片,一般呈椭圆形状。

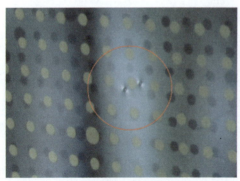
(a) 采用光弹法检测到的气泡

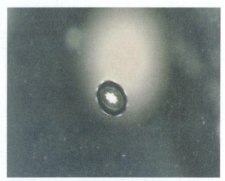
(b) 气泡光学放大照片

图 9-12 玻璃内部气泡形貌图

4. 应力不均

在现场光弹检测过程中,可见钢化玻璃局部部位有明显的亮斑,如图 9-13 所示,说明该处存在局部应力不均现象,但未发现附近有异质颗粒分布。这类现象一般为玻璃钢化过程中,因钢化炉内保温材料掉到玻璃表面,致使该部位因钢化应力不均导致的,这种现象对引发钢化玻璃自爆风险也相对较低。

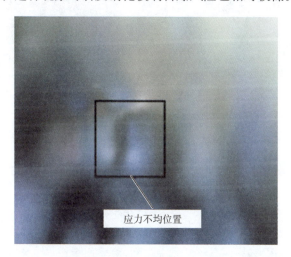

图 9-13　玻璃内部的应力不均

但有另一种情况,也是在光弹仪下可见明显应力光斑,且肉眼无法觉察到异质颗粒的存在,这种应力集中一般是由于存在与玻璃颜色相近或相同、且为透明的异质颗粒造成的。

5. 玻璃表面划伤、灼伤及磕碰

造成玻璃表面划伤、灼伤等情况,主要是在幕墙施工过程中造成的。在幕墙施工焊接过程中,由于未对玻璃表面进行有效防护,致使大量高温焊渣掉到玻璃表面,并熔化玻璃,在后续清理玻璃表面焊渣时,会在玻璃表面形成凹坑,造成对玻璃的损伤,如图 9-14(a)所示。另外,由于施工或使用保护不当,当玻璃与硬物接触时,也易在玻璃表面形成划痕,如图 9-14(b)所示。我国国家标准对玻璃表观缺陷有明确要求,根据行业标准《建筑门窗幕墙用钢化玻璃》(JG/T 455—2014)表 8(钢化玻璃外观质量)对划伤的规定如下:宽度在 0.1 mm 以下,长度小于等于 100 mm 的划伤,每平方米面积内允许存在缺陷数不大于 4 条;长度大于 100 mm 的划伤不允许存在。因此,现场检测时,对灼伤或划伤超过国家标准要求的玻璃,应进行研磨抛光修复处理,以消除其安全隐患。

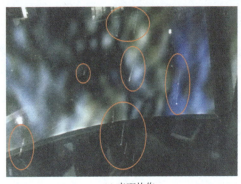

(a) 表面灼伤　　　　　　　　　　　　(b) 表面划伤

图 9-14　采用光弹扫描法看到的玻璃表面划伤及灼伤照片

9.2　幕墙面板安装牢固度振动测试无损检测技术

建筑幕墙在使用过程中,由于支承体系及粘结体系会发生松动、损伤或老化,其实际表现为幕墙面板的支承边界条件发生松动损伤,并导致幕墙面板的刚度衰降,从而使幕墙面板的固有频率下降。另一方面,幕墙面板边界支承结构和粘接材料的损伤和老化使幕墙面板抗外力(风、地震、冲击载荷作用)能力降低,增大了幕墙面板整体脱落风险概率,影响幕墙面板的使用安全可靠性能。建筑幕墙连接体系(螺栓、预埋件、紧固件、结构胶等)的松动和损伤识别是评价建筑幕墙安全性能的关键环节之一。

建立起幕墙面板固有频率与其边界支承松动损伤关系,就可通过幕墙面板固有频率来间接描述建筑幕墙连接体系的损伤与老化程度,预测建筑幕墙面板的脱落风险程度及抵抗外力剩余能力,进而评价建筑幕墙的安全可靠性能。

随着玻璃幕墙使用年限的增加,幕墙玻璃板边界因支承结构的老化、变形或破损而不断松动,幕墙玻璃对应的固有频率也不断衰降,此时幕墙玻璃抵抗外力作用能力也衰退,其脱落风险概率增大。因此,测量幕墙玻璃的固有频率,并通过相对比较,建立起评价标准,就可以简便地知道幕墙玻璃的支承松动程度及脱落风险程度,进而评价玻璃幕墙的可靠性。

结构胶粘结失效是玻璃幕墙失效的主要因素之一,特别是对于隐框玻璃幕墙来说,结构胶黏结失效将会使玻璃面板整体脱落,造成严重的安全隐患。

从理论上来说,结构胶的脱粘失效会降低对幕墙玻璃边缘的约束作用,进而使幕墙玻璃固有频率下降。因此通过测量隐框幕墙玻璃的固有频率,并与未失效前玻璃频率进行比较,可以达到定量地识别结构胶的脱胶损伤失效程度。

9.3 幕墙结构密封胶现场检测技术

结构密封胶是玻璃幕墙一道关键材料,由于其起结构粘结作用,结构密封胶的健康服役对保障玻璃幕墙安全性能至关重要。很多隐框玻璃幕墙玻璃及中空玻璃外片整体坠落,均是由于结构密封胶的粘结失效导致的。因此,对玻璃幕墙进行安全评估,现场检测结构胶的服役性能是一道必不可少的程序。

9.3.1 硅酮结构密封胶现场检测指标

关于硅酮结构密封胶性能随时间变化规律的研究成果较少,无法通过某个单项指标的定量检测准确判断结构密封胶是否适于继续使用。

考虑到对结构密封胶性能研究的最终目的仍是着眼于评定既有玻璃幕墙是否继续适用,其表现状态主要集中在提供面板与框架的粘结强度、面板与框架存在的相对位移(变形)能力、胶体自身的形状及强度等几个方面。因而,检测机构需考虑通过一系列性能指标的检测来确定结构密封胶是否适于继续使用状态。目前,国内有多个省份编制了既有幕墙安全性检测鉴定标准,其中上海市地方标准《建筑幕墙安全性能检测评估技术规程》(DG/TJ 08-803—2013)、广东省地方标准《建筑幕墙可靠性鉴定技术规程》(DBJ/T 15-88—2022)及四川省地方标准《四川省既有玻璃幕墙安全性能检测鉴定标准》(DB51/T 5068—2018)对硅酮结构密封胶性能的现场检测做了一些规定。这三个地方标准对硅酮结构密封胶现场检测指标的共性要求列于表 9-1。根据表 9-1 要求,硅酮结构密封胶的现场检测指标,主要包括胶缝厚度、宽度、外观质量、邵氏硬度、胶母体强度、伸长率等。对某一具体幕墙工程进行安全性评估时,应根据现场和实验室检测的结果共同判断硅酮结构密封胶的粘结面质量是否适于继续使用。

表 9-1 三个地方标准对硅酮结构密封胶的检测要求

检测指标	上海《玻璃幕墙安全性能检测评估技术规程》(DG/TJ 08-803—2013)	广东《建筑幕墙可靠性鉴定技术规程》(DBJ/T 15-88—2022)	四川《四川省既有玻璃幕墙安全性能检测鉴定标准》(DB51/T 5068—2018)
胶的尺寸(宽/厚度)	检测硅酮结构胶宽度、厚度是否符合设计	将幕墙装配组件拆下,测量胶缝粘结宽度和厚度	—
外观检查	从幕墙外侧检查时,玻璃与硅酮结构胶粘结面不应出现粘结不连续的	目视观察法,判断硅酮结构胶是否有开裂、起泡、粉化、脱胶、变色、褪色	从幕墙外侧检查时,玻璃与硅酮结构胶粘结面不应出现粘结不连续的缺陷,粘

续上表

检测指标	上海《玻璃幕墙安全性能检测评估技术规程》（DG/TJ 08-803—2013）	广东《建筑幕墙可靠性鉴定技术规程》（DBJ/T 15-88—2022）	四川《四川省既有玻璃幕墙安全性能检测鉴定标准》（DB51/T 5068—2018）
外观检查	缺陷，粘结面处玻璃表观应均匀一致；从幕墙内侧检查时，硅酮结构胶与相邻粘结材料处不应有变(褪)色、化学析出物等，也不应有潮湿漏水现象	和化学析出物等现象	结面应均匀一致；从幕墙内侧检查时，硅酮结构胶与相邻粘结材料处不应有变(褪)色、化学析出物等现象
注胶质量	—	将幕墙结构装配组件拆下，切开胶缝体横截面，目测胶缝是否注胶饱满、有无气泡	—
粘结面质量检测	当铝合金型材表面采用有机涂层处理时，应检查硅酮结构胶底漆处理的施工记录。检查硅酮结构胶粘结面有无不相容现象	按《建筑用硅酮结构密封胶》(GB 16776—2005)进行手拉剥离试验，检验硅酮结构胶与基材粘结面是否存在粘结面破坏	当铝合金型材表面采用有机涂层处理时，应检查硅酮结构胶底漆处理的施工记录；若无，宜取样检测。检查硅酮结构胶粘结面有无不相容现象
邵氏硬度（邵 A）	按《建筑用硅酮结构密封胶》(GB 16776—2005)检测	按《硫化橡胶或热塑性橡胶压入硬度试验方法 第 1 部分：邵氏硬度计法》(GB/T 531.1—2008)检测	按《建筑用硅酮结构密封胶》(GB 16776—2005)检测
胶母体强度检测	按《建筑用硅酮结构密封胶》(GB 16776—2005)检测	将胶体加工成 50 mm×6 mm×6 mm 胶样（6件），按本标准附录 A "既有建筑幕墙硅酮密封胶拉伸力学性能试验方法"检测	在附框上切取 50 mm 长的胶样 30 件（6组），按《建筑用硅酮结构密封胶》(GB 16776—2005) 分别进行国标 6 种状态的拉伸粘结性试验
胶母体伸长率	按《建筑用硅酮结构密封胶》(GB 16776—2005)检测	采用胶母体强度检测用的胶样进行最大伸长率检测	采用胶母体强度检测用的胶样进行最大伸长率检测

9.3.2 常规检测方法

常规法主要指通过外观目测、触碰检查胶材的宽度、厚度、密封性、老化程度、开裂程度等。采用钢直尺、塞尺检查胶材的宽度、厚度是否符合标准和设计要求，如图 9-15 所示。

根据检测者的工作经验，通过外观目测或触碰检查胶材的密封性、老化程度或开裂程度，通常结构密封胶的外观质量应检测以下几个方面：

1. 从幕墙外侧检查时，玻璃与结构密封胶粘结面是否出现粘结不连续的缺陷，粘结面处玻璃表观是否均匀一致；

2. 从幕墙内侧检查时，结构密封胶与相邻粘结材料处有无变(褪)色、化学析出物等现象，有无潮湿、漏水现象。

图 9-15　结构密封胶现场检测

一般性的初步检查，可采用此类常规方法，该方法无法定量判断胶材的质量，判断结果和检测者的经验有关。

9.3.3 规范法(现场拉伸试验)检测胶材

《建筑用硅酮结构密封胶》(GB 16776—2005)规定了施工时密封胶粘结性的现场测试方法，主要通过对胶材进行拉伸试验，确定胶材的粘结性，由于检测条件相似，该方法也可用于既有建筑幕墙胶材检测过程中。该方法是直接在现场拆卸下部分板块后，将其固定在特制框架上，从而直接确定结构胶的拉伸粘结强度、并结合拉伸破坏断面形式判断粘结面质量是否符合标准要求，拉伸试验示意图如图 9-16 所示。

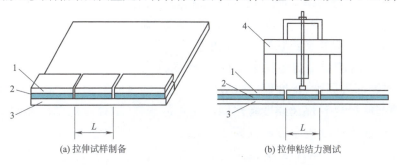

(a) 拉伸试样制备　　　　　　(b) 拉伸粘结力测试

1—副框；2—硅酮结构密封胶；3—玻璃；4—拉力试验机。

图 9-16　拉伸试验示意图

试验步骤：

1. 将一定长度的副框和胶体完全切割开，记录切割长度 L；
2. 使用拉力装置，对被切割开的副框及胶体进行拉伸，记录最终拉力值 F；
3. 计算拉伸粘结强度，按下式进行：

$$\sigma = \frac{F}{A} = \frac{F}{a \times h} \tag{9-1}$$

式中　σ——结构密封胶拉伸粘结强度（MPa）；
　　　F——试验用拉力值；
　　　A——结构密封胶受力横截面面积；
　　　a——结构密封胶切割长度；
　　　h——结构密封胶厚度。

根据《建筑用硅酮结构密封胶》(GB 16776—2005)的规定，胶体的拉伸粘结强度≥0.6MPa，延伸率≥100%。现场拉伸测试方法能在现场快速得到被测硅酮结构密封胶的拉伸粘结强度和延伸率，用于现场检测既有工程的胶材粘结面质量是否符合标准要求。

9.3.4　邵氏硬度法检测胶材

《建筑用硅酮结构密封胶》(GB 16776—2005)规定胶材的硬度范围为20~60，对于现场裸露的密封胶或结构胶，可采用邵氏硬度计检测胶材的表面硬度，用以判定胶材的硬化程度。该方法简单、快捷，能定量化说明胶材的质量，结合常规检测方法（如外观目测、触碰检查）。其原理为：采用具有一定形状的钢制压针，在试验力作用下垂直压入试样表面，当压足表面与试样表面完全贴合时，压针尖端面相对压足平面有一定的伸出长度 L（图9-17），以 L 值的大小来表征邵氏硬度的大小，L 值越大，表示邵氏硬度越低，反之越高。计算公式为

$$HA = 100 - L/0.025 \tag{9-2}$$

式中　HA——结构密封胶的邵氏硬度。

由于胶材的质量与多项指标有关（硬度只是其中指标之一），胶材品种较多，其初始邵氏硬度、硬度发展趋势不同，现有的试验数据尚不能全部反应各种硅酮结构密封胶邵氏硬度随时间而变化的规律，故单一地采用邵氏硬度计检测胶材的硬度以判定胶材质量的方法并不可行。邵氏硬度法应当结合常规检测方法（如外观目测、触碰检查等）或其他方法，综合判定胶材质量，如图9-18所示。

第9章 铁路站房既有幕墙检测技术

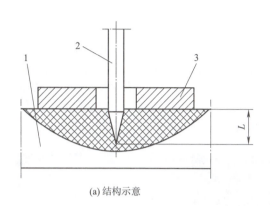

(a) 结构示意　　　　　　　　　　　(b) 现场检测

1—试样；2—压针；3—压足。

图 9-17　邵氏硬度计检测示意

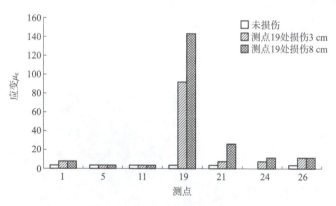

图 9-18　损伤和未损伤各测量点的最大动应变值

9.4　建筑幕墙热缺陷红外检测技术

建筑幕墙的热工缺陷主要采用红外摄像法进行定性检测。通过摄像仪可远距离测定建筑物围护结构的热工缺陷，通过测得的各种热像图表征有热工缺陷和无热工缺陷的各种建筑构造，用于在分析检测结果时作对比参考，因此只能定性分析而不能量化指标。检测应在供热（供冷）系统运行状态下进行，且建筑幕墙不应处于直射阳光下。使用红外摄像仪对建筑幕墙进行检测时，应首先进行普测，之后对可疑部位进行详细检测。之后对实测热像图进行分析并判断是否存在热工缺陷以及缺陷的类型和严重程度。

利用红外热成像仪对图 9-19 和图 9-20 所示的两个建筑幕墙进行现场热工缺陷检测,从热像图中可以发现这两处建筑幕墙均有不同程度的空气渗透,且缺陷部位比较明显(颜色较浅的部位)。从图 9-19 可以看出该部分幕墙的周边与洞口之间的密封质量较差,漏气严重;而图 9-20 显示的是该幕墙的拐角处和玻璃幕墙与上部的金属幕墙之间的连接部分密封质量较差,漏气较为严重。进一步可采用有色气体(或烟)示踪技术来探寻漏气的具体部位(图 9-20 的右下图),分析漏气原因,从而消除热工缺陷,提高幕墙的热工性能。

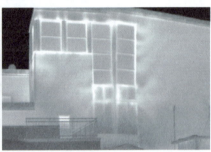

图 9-19　建筑幕墙的红外热成像检测

图 9-20　建筑幕墙的红外热成像检测和有色气体示踪检测

9.5 建筑幕墙健康监测技术

对于幕墙健康及安全状态的评价，目前国内外主要采用定期检查的方式。这种方式受到当下评估周期和评价技术的限制，评价结果滞后于幕墙实际状态。如何对幕墙工作状态实时监控，提供有效全面的安全预警，正被众多高校、企业和研究机构列为重点研究课题。

广州安德信幕墙有限公司在国内率先推出基于云计算、物联网技术的幕墙健康检测技术，应用于建筑幕墙安全管理。

9.5.1 幕墙健康监测系统技术原理

建筑幕墙产生安全隐患主要原因可分为材料失效、结构失效和功能失效三大类。

材料失效指构建整个幕墙系统所选用的建筑材料物理性能或化学性能的变化而导致建筑幕墙外观质量、支承结构和使用功能的质量降低。如胶条、结构胶、密封胶老化，玻璃、石材面板的破损，金属连接件、五金件的腐蚀、疲劳等。

结构失效指由于幕墙结构构件的异常变形、偏移、扭曲、开裂、损伤或过载而产生的结构性缺陷。如龙骨变形异常、拉索等预应力构件的异常松弛或张紧，玻璃肋开裂，钢结构的异常变形，连接五金件连接松脱等。

功能失效指由于材料失效或结构缺陷而引起的幕墙性能的降低及使用性障碍。如渗漏、保温隔声性能下降，开启扇、门不能正常关闭开启，防火构造缺失等。

现代科学技术通常采用传感器实现将各种变化量转换为可测量的电信号或信息输出。传感器是一种技术十分成熟的测量装置，借助丰富多样的各类传感器，能够实现对幕墙运行状态和变化数据的采集和处理。对幕墙失效进行量化评价，是实现幕墙运行实时监测及安全评价的基础，如图 9-21 所示。

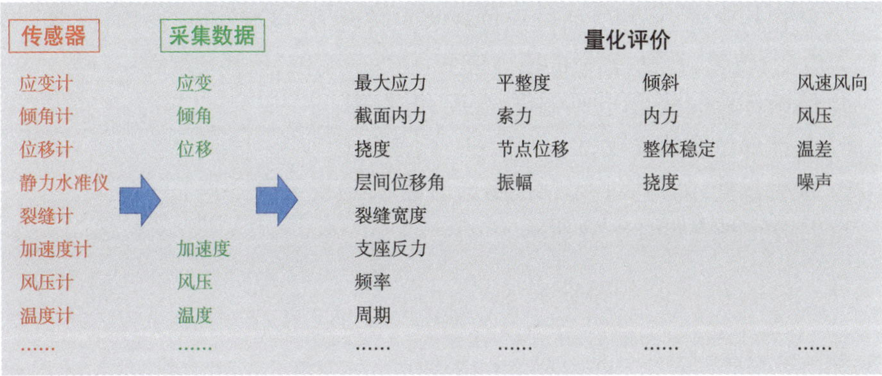

传感器	采集数据	量化评价			
应变计	应变	最大应力	平整度	倾斜	风速风向
倾角计	倾角	截面内力	索力	内力	风压
位移计	位移	挠度	节点位移	整体稳定	温差
静力水准仪		层间位移角	振幅	挠度	噪声
裂缝计		裂缝宽度			
加速度计	加速度	支座反力			
风压计	风压	频率			
温度计	温度	周期			
……	……	……			

图 9-21 幕墙评价数据类型

9.5.2 幕墙健康监测系统构成

幕墙健康监测系统的构成如图9-22所示。底层传感器接入数据采集箱,组成数据采集基本模块,模块通过有线或无线传输网络将数据传递至云端服务器,由分布式计算机进行解算分析,计算结果按预设规则向用户提供预警、状态、指标报告。

图9-22　幕墙健康监测系统的构成

9.5.3 幕墙健康监测系统功能

幕墙健康监测系统功能如下:

1. 环境参数实时显示,包括不同位置、立面、区域的温度、可见光光线强度、紫外线强度、风速风压、湿度、降雨、气压等。

2. 开启部件的实时状态,如开启扇、门、窗等是否开启或锁闭,开启扇开启角度、是否渗漏等。

3. 结构构件受力情况,如拉索拉杆的实时内力、挠度等,支撑构件(龙骨等)的应力应变,玻璃、石材、铝板的应力应变,构件的变位、位移情况等。

4. 隐蔽部位的状态,包括温度、湿度、渗漏等。

5. 关键部位腐蚀程度。

6. 预警报警,如幕墙状态指标超过预警、报警设定值后多平台告警。

以上功能网络如图9-23所示。

9.5.4 幕墙健康监测系统特点

幕墙健康监测系统有如下特点:

1. 高精度核心算法库,广泛适用多种应用场景。

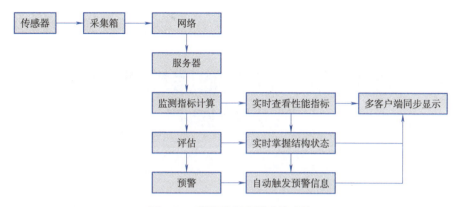

图 9-23 幕墙健康监测系统功能

2. 多种采样率智能调整。

3. 分布式高冗余云计算,响应速度快。建筑及幕墙健康状态智能监测,多种方式登录操作云端监测系统平台。海量数据自动分析处理过滤,定期输出监测报告。

4. 数据处理分析,多态数据智能融合,对安全隐患及安全风险自动分级预警。

5. 趋势分析功能,对历史监测数据随时间变化趋势及设计值偏离度,智能预测多工况及极端气候条件下建筑及幕墙健康变化趋势。

6. 界面灵活,可以根据工程的需求多样化定制。

9.5.5 幕墙健康监测系统典型应用场景

1. 施工期间

对施工环境参数及施工效应动态监测。

2. 运营期间

监控监测建筑结构、幕墙的运行工作状态。

验证复杂、重大、超高层幕墙重点部位设计安全性。

监测评估易发多发、危害影响大的重点监测对象的健康状态。

极端天气时监测对象的安全状态。

通过历史趋势核心算法评估监测量随时间的变化趋势,评估监测量与设计理论值的偏离度,研究被测对象的健康变化特性。

指导既有幕墙全生命周期内的运行维护保养及安全管理。

第 10 章　铁路站房地弹门的维护与保养

10.1　地弹门概述

地弹簧门简称地弹门,是用地埋式门轴弹簧或内置立式地弹簧作为转动轴驱动装置,实现控制门扇开启关闭变速、定位、内外双向开启等功能的一种门的类型。是公共建筑和铁路站房最常使用的门类型。

10.1.1　地弹门执行标准

地弹门选用的材料、五金、设计及工程施工方法等必须依据国家及当地有关法律法规、标准、规范、规程,包括但不限于以下相关标准、规范:

(1)《铝合金门窗》(GB/T 8478—2020);
(2)《平板玻璃》(GB 11614—2022);
(3)《建筑用硅酮结构密封胶》(GB 16776—2005);
(4)《锁具安全通用技术条件》(GB 21556—2008);
(5)《地弹簧》(QB/T 2697—2013);
(6)《平开玻璃门用五金件》(JG/T 326—2011);
(7)《建筑玻璃应用技术技程》(JGJ 113—2015)。

10.1.2　地弹门的构成

地弹门主要由门框或支撑框架、门扇、地弹簧、门夹、拉手、门锁等五金件构成,人流密集区域的主要出入口,建议安装防脱落装置。有框、无框地弹门构成分别如图 10-1、图 10-2 所示。

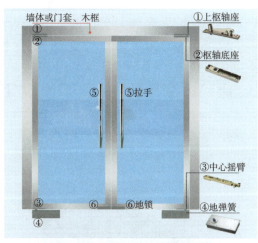

图 10-1　有框地弹门构成示意图

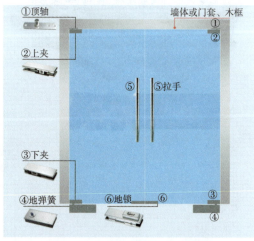

图 10-2　无框地弹门构成示意图

10.1.3　地弹簧

地弹簧是一种专用的液压式闭门装置,其压紧弹簧的装置是蜗轮而不是齿轮、齿条。地弹簧工作原理如图 10-3 所示。

地弹簧包括天轴和地轴(或称地脚)两个主要部分,如图 10-4～图 10-6 所示。

天轴是在上部连接门框和门扇的配件,由一个固定在门扇上的、可以用螺栓调节的、插销式的轴和一个固定在门扇的轴套组成。

天轴和地轴可以适用于几乎所有木制、钢制、铝合金门和使用玻璃门夹的无边框玻璃门。

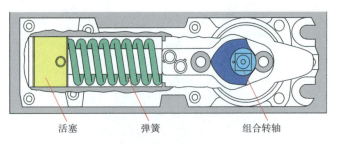

图 10-3　地弹簧工作原理示意图

图 10-4　地弹簧组成

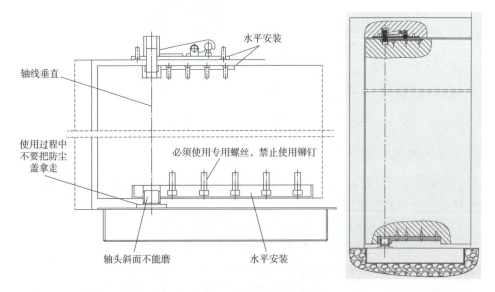

图 10-5　地弹簧安装示意图

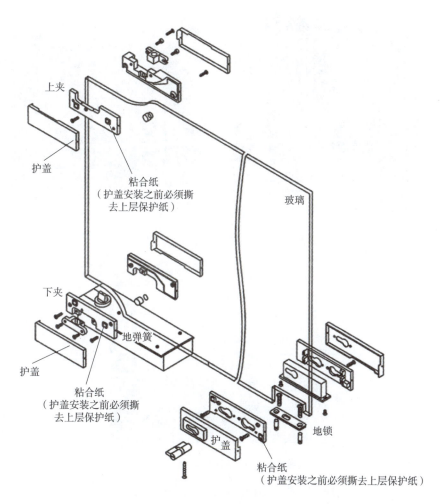

图 10-6　无框地弹门安装示意图

10.1.4　地弹门的类型

地弹门按开启形式分为平开门、双开门等；按材质分为钢门、玻璃门、铝合金门、胶合板门等；按照门扇面板周边约束情况可以分为有框地弹门(图 10-7)、半框地弹门(图 10-8)和无框地弹门(图 10-9)。

图 10-7　有框地弹门

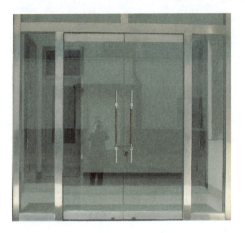

图 10-8　半框地弹门

图 10-9　无框地弹门

10.2　地弹门安装技术要求

10.2.1　地弹簧

1. 安装尺寸

(1) 轴心距固定框型材面的距离与设计要求的轴距尺寸相符,误差不超过±1 mm。

(2) 地弹簧外壳不得有明显歪斜,地弹簧轴心与顶部上枢轴座轴心必须在同一条垂直线上。

(3) 地弹簧门安装后,地弹簧外壳总体沉降不得大于 2 mm。

2. 固定方式

(1)地面开槽安装,地弹簧外壳与槽之间的间隙必须用快干粉或水泥灰填充起来,不得用建筑残渣木片等随意填充,地弹簧外壳不得有松动的情况发生。

(2)主体紧固螺钉不得有松动情况,不得私自变更固定螺钉使用数量和规格。

3. 其他要求

配有环保填充剂的地弹簧,在地弹门安装调试完成后,必须按照产品使用说明将环保填充剂添加到地弹簧外壳中,填充剂需盖住地弹簧主体的调节紧固螺钉,不得在填充剂中混入水泥、或其他建筑残渣。

10.2.2 门　　夹

门夹结构组成如图 10-10 所示。

 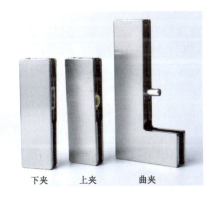

图 10-10　门夹结构组成

1. 玻璃开孔尺寸要求

玻璃门夹安装时需要在玻璃固定部分和门扇上加工安装工艺孔,门夹的产品说明书中有详细的开孔尺寸要求,玻璃开孔尺寸严格按照厂家提供的尺寸执行。

2. 固定要求

(1)不允许出现漏装垫片、垫圈等配件的情况。

(2)所有紧固螺钉需旋紧。

3. 门锁

(1)安装尺寸

门锁安装尺寸,如图 10-11 所示。锁舌伸出门扇长度不得少于 15 mm,锁舌锁闭门扇搭接量不应小于 5 mm。

地锁安装位置必须在远离门轴端,型材门中间锁安装离地高度 1 100～1 400 mm。

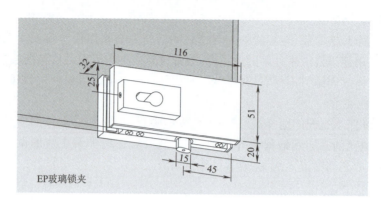

图 10-11　门锁安装尺寸(单位:mm)

(2)固定要求

铝合金型材安装门锁采用螺钉紧固,产品有标配螺钉。

不得私自变更固定螺钉使用数量和规格,不得有松动的情况发生。

钢框安装门锁,门锁需采用螺钉固定到龙骨钢结构上,不得直接固定到包边的装饰板上。

不允许出现漏装垫片、垫圈等配件的情况。

10.3　常见地弹门安全隐患

10.3.1　玻璃破裂

常见的地弹门玻璃破裂主要有以下几种原因:
(1)钢化玻璃的自爆;
(2)门扇边框变形挤压致使玻璃应力集中导致的爆裂;
(3)玻璃门在外力作用下被撞击或者门扇撞击到了物体导致的爆裂;
(4)顶、底轴心错位不同心引起的挤压破裂。

图 10-12 为某地弹门玻璃破裂现场照片。

10.3.2　地弹簧漏油、锈蚀

实际工程中常见的地弹簧漏油、锈蚀情况如图 10-13 所示。

地弹簧液压油渗漏或锈蚀后,门扇旋转阻尼功能丧失,减速段无法减速,0°无法准确复位(关闭位置)、90°位维持锁定功能丧失。门扇关闭时,速度过快导致可能对人身造成打击伤害,90°开启后无法锁定或锁定力严重降低,出现突然加速关

第10章 铁路站房地弹门的维护与保养

图10-12 玻璃破裂现场

图10-13 地弹簧漏油、锈蚀

闭现象,造成打击通过人员,严重时导致玻璃爆裂,加重伤害。

10.3.3 断　　轴

地弹簧轴心下端凸轮配合定位销损坏,轴心与凸轮间空转俗称断轴,如图10-14所示。

图10-14 地弹簧断轴

断轴后地弹簧油缸与轴间无法联动,门轴空转,门扇旋转阻尼功能丧失,0°无法准确复位(关闭位置)、90°位维持锁定功能丧失。门扇关闭时速度过快导致可能对人身造成打击伤害,90°开启后无法锁定或锁定力严重降低,出现突然加速关闭现象,打击通过人员,严重时导致玻璃爆裂,加重伤害。

10.3.4 门旋转轴偏心

门旋转轴偏心如图 10-15 所示。

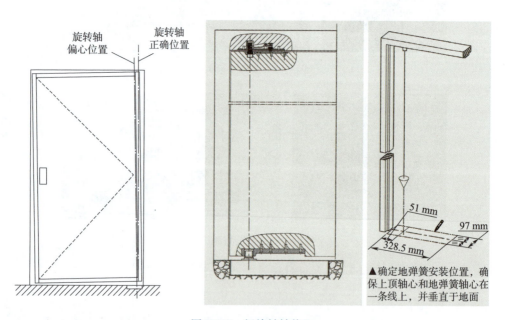

图 10-15 门旋转轴偏心

门扇旋转轴与门框不平行、与地面不垂直称为门旋转轴偏心。门扇底部中心摇臂、地弹簧本体底盒安装偏位或螺栓调节错误、上部枢轴底座转动中心未调节到位或变形是导致偏心的主要原因。

门旋转轴偏心后会引起上部枢轴及地弹簧转动受阻、地弹簧启闭力矩增大,严重的会超出设计值,导致地弹簧轴、顶部枢轴变形,磨损加快,转动不畅。这是导致地弹簧漏油的主要原因之一。

门旋转轴偏心也会引起门扇与门框上下间隙因门旋转轴倾斜造成不大小一致,引起门扇与门框、地面刮擦,开关力增大。严重时门扇变形引起玻璃爆裂。

偏心较小时,可以通过调节地弹簧的平面定位调节螺丝予以修正,如图 10-16 所示。

第10章 铁路站房地弹门的维护与保养

图 10-16　定位调节螺丝修正偏心

10.3.5　门扇刮擦地面

地弹门的门扇刮擦地面的原因如下：

1. 地弹簧下沉

（1）地弹簧底盒安装不牢固，存在间隙而松动晃动。

（2）地弹簧本体的高度调节螺丝松动，因门扇自重长期作用，导致地弹簧标高下移。

（3）地弹簧安装基层填充不密实，在门的重力和振动作用下下沉。

2. 门隙过小

门扇与地面间间隙过小而与地面刮擦。

3. 门扇转轴偏心

门扇旋转中与地面刮擦，门扇和门框与地面刮擦，严重时门扇变形引起玻璃爆裂，如图 10-17 所示。

4. 顶轴与门扇部件损坏

顶轴和门扇顶部枢纽之间的尼龙垫圈或者小轴承松动、损坏、脱落，造成顶轴和枢纽之间的虚位增大，致使门扇下垂。这种情况下频繁的启闭会导致顶轴不停地碰撞以至于产生较大的剪力，极限状态可能会导致门轴断裂。

图 10-17　门扇旋转中与地面刮擦

10.3.6 上部枢轴与底座配合搭接量过小

上部枢轴插入门扇顶部枢轴底座深度小于 10 mm 的安全高度,如图 10-18 所示。

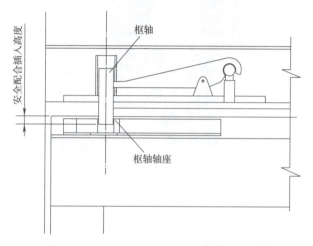

图 10-18 上部枢轴与底座配合搭接量过小

安全隐患。门扇因受力变形或偏心导致门扇枢轴(上部转轴)从轴座中脱出(图 10-19),门扇坠落引发人身伤害。

图 10-19 典型搭接量不足导致的门扇坠落后的配件

10.3.7 地弹门安全事故案例

2019 年 2 月 22 日,长沙某站员工从作业人员通道门进站时,被突然倒下的门扇砸倒,致其受伤,经紧急送医诊断为左侧横突、左侧髂骨、骶骨、双侧耻骨上、下支多发骨折,累及左髋臼。

该门为双扇不锈钢地弹门,由钢制门框、2 扇不锈钢包边的玻璃门扇、地弹簧、门禁系统等构成。单扇门宽 0.94 m,高 3.04 m,厚(含不锈钢包边)6.5 cm,重约 150 kg。门扇由地弹簧固定,包括上部和下部构件,一端安装在混凝土地面预埋的地弹簧不锈钢盒体上,另一端插入门扇下的预留孔内(入孔深度 2.6 cm)。门扇开闭为平开式,从候车室内向外单开,开门用力方向为内推外拉,关门为自动回弹关闭。

该门的右门扇用地锁固定,不可开启,左门扇供作业人员刷门禁卡开启后出入。

经现场检查,事故中倒下的右门扇,其地弹簧上部构件的圆柱形不锈钢轴与安装支座分离脱落,致使门扇固定失效而倒下,是导致事故发生的主要原因,如图 10-20 所示。

图 10-20　圆柱形不锈钢轴与安装支座分离脱落

10.4　地弹门工程验收

10.4.1　验收前准备

1. 资料准备

(1)设计图纸资料。包含门洞和门扇的尺寸信息,门扇边框的样式、规格信息,轴距、门缝的尺寸信息,门扇的重量、有框玻璃门与无框玻璃门抗风压设计资料等。

(2)五金配件选用资料。包含不同规格门型选用的五金配件承重、使用寿命、紧固螺钉规格等信息。

(3)其他检验验收相关资料。

2. 工具

(1)卷尺。最大测量长度不大于 5 m,不小于所要测量物体的尺寸,误差值≤0.6 mm。

(2)激光水平仪。水平精度≤±1 mm/5 m,垂直精度≤±1 mm/5 m(5 m 不可超过 1 mm 误差)。

(3)十字、一字螺丝刀。

(4)内六角扳手、开口扳手。

(5)测力计,精度±1%。

10.4.2　检 验 项

1. 静态检验

(1)门扇、固定框材料、结构、尺寸、品牌等是否符合设计要求,不得出现实际选用安装与设计不一致的情况。

(2)五金配件型号、品牌等是否符合设计要求,不得出现实际选用安装与设计不一致的情况;校核五金配件的承重等参数是否能满足需求,不得出现超范围选用的情况。

(3)检查配件及框扇的完整性,不允出现结构损坏或外观表面破损的情况。

(4)对开门两扇门高度须保持一致,不允许出现高低差;自然关闭后保持平齐,不允许出现门扇错位的现象。

(5)门洞高度、宽度尺寸是否符合设计要求,允许存在的误差不超过±2 mm。

(6)上下门缝、左右门缝、中间门缝是否符合设计要求,允许存在的误差不超过±2 mm。

第 10 章　铁路站房地弹门的维护与保养

(7)轴与孔的搭接量不得小于 10 mm。

(8)轴心垂直度主要检验地弹簧及其配件的轴心是否在同一竖线上,不允许出现配件不同心、轴线倾斜的现象。

(9)检验产品及其配件,安装螺钉规格是否正确,是否紧固;采用焊接方案的是否存在虚焊、脱焊的情况,不允许出现配件安装固定不牢固的现象。

2. 动态检验

(1)门扇停在 0°位置,在地弹簧转轴位置至门边 300 mm 位置,用测力计施加 16～17 N 时,门扇偏移量不应大于 3 mm。

(2)最大范围推拉门扇,观察门扇运行状态,门扇运行应平稳顺畅,不得有干涉、剐蹭的现象。

(3)正常推拉门扇(对开门双手推拉),不允许出现拉手相互干涉、拉手门框干涉刮到手的情况。

(4)将门扇开启到 75°,释放门扇,使其自然关闭到 0°状态,时间应在 3～5 s。

(5)地弹簧门扇关闭过程中,在不大于 25°范围内须有明显的减速现象。

(6)门扇自然关闭到 0°,锁闭门扇,不得出现钥匙或旋钮无法旋转、控制锁舌的情况,锁舌与锁扣等配件配合良好,不得出现锁舌与锁扣偏位的情况。

3. 使用性能

(1)定位性能

有定位装置的产品,应能在规定的位置或区域停门并易于脱开。闭门中心复位偏差不超过±0.30°。

(2)关闭时间

全关闭调速阀时,关闭时间不小于 40 s;全打开调速阀时,关闭时间不大于 3 s。

4. 渗、漏现象

贮油部件不应有渗、漏现象。

5. 运转性能

产品使用时应运转平稳、灵活。

6. 开门缓冲性能

有开门缓冲性能的产品,门开启至 65°之后应有明显减速现象。

7. 延时关闭性能

有延时关闭性能的产品,从开门角度 90°至延时末端 60°～75°开门角度,经过时间应大于 10 s。延时区域延伸的角度不能小于 60°开门角度。

10.5　地弹门使用过程中的检查、维护要求及方法

10.5.1　地弹门日常检查

每日或每周定期对地弹门进行安全检查,检查内容如下:
(1)检查外观质量,是否有外伤划痕;
(2)检查开启过程是否灵活正确、力度适当;
(3)检查关闭过程中阻尼是否明显有效;
(4)检查启闭时是否有异响;
(5)轻推门扇,检查门轴位置是否有松动现象,玻璃是否松动;
(6)检查门拉手是否松动;
(7)观察关闭时门扇是否有掉角,剐蹭地面的现象;
(8)检查门扇是否关闭不严;
(9)检查门锁系统是否安全。

10.5.2　地弹门定期检查

每月对地弹门进行一次检查,包括对地弹簧进行开盖检查。检查内容如下:
(1)检查门夹是否损坏或松动;
(2)检查门轴是否发生松动或断裂情况;
(3)检查门扇是否变形或下垂,采用目测或尺子测量;
(4)检查地弹簧盒内是否有进水、进沙、锈蚀或漏油等现象;
(5)检查顶底轴的磨损情况,尤其是尼龙套套芯部分。
如发现问题应进行调整或更换,必要时对门扇进行一次全面检查。
大风天气及时关闭锁紧受风严重区域及重点区域的门扇,大风过后及时对门扇进行一次全面检查,如发现问题及时进行维修。

10.5.3　地弹门的维护

地弹门的维护应做到如下几个方面:
(1)应定期采用中性清洁剂对地弹簧盖板、拉手、门夹、门锁等表面进行清洁,确保产品表面干净、整洁、无明显油污。
(2)地弹门上枢轴座、顶夹转轴,应定期涂抹润滑脂,确保产品运转过程中平稳、无异响。
(3)应定期检查门扇关闭时间是否在 3～5 s 范围内,如关闭时间超常,应对

地弹簧调速阀进行调整,以确保关闭时间符合要求。

(4)应定期检查地弹门中固定螺钉(拉手固定螺钉、地弹簧主体固定螺钉、门夹固定螺钉等)的松紧情况,确保地弹门及其配件的锁紧螺钉全部紧固,反复开启门扇三次,确保地弹簧、门扇、门框等连接部位均无晃动现象。

参 考 文 献

[1] 包亦望,刘小根.玻璃幕墙安全评估与风险检测[M].北京:中国建筑工业出版社,2016.

[2] 刘正权,王文欢.城市既有建筑幕墙检测与维护技术[M].北京:中国建筑工业出版社,2018.

[3] 朱孜,钟应.浅议建筑智能门窗发展意义及发展趋势[J].低碳世界,2021(5):136-137.

[4] 付树壮.建筑幕墙全生命周期主要安全问题及其解决方案研究[D].济南:山东建筑大学,2020.

[5] 黄智德.建筑幕墙安全状态评价模型与远程检测方法研究[D].北京:北京科技大学,2019.

[6] 万成龙,王洪涛,张山山,等.平行拉索式点支承既有玻璃幕墙安全评估分析[J].建筑科学,2018,34(5):107-112.

[7] 马世明,吴亮圣.点式玻璃幕墙面板承载力及变形性能的有限元分析[J].广东土木与建筑,2010,17(4):16-18.

[8] 程文星,徐诗童,杨琼.基于频率法的单索玻璃幕墙索力测试研究[J].特种结构,2017,34(4):31-35.

[9] 许芳.大跨度全玻幕墙稳定性分析[J].建筑技术开发,2017,44(21):27-28.

[10] 周业强.高层建筑玻璃幕墙施工技术及质量控制[J].江西建材,2017(19):83-84.

[11] 马斌.高层建筑幕墙施工质量的管理与控制[J].居舍,2018(25):168-169.

[12] 张国斌.关于玻璃幕墙施工质量管理的探讨[J].福建建材,2018(4):48-50.

[13] 李龙起.点支式玻璃幕墙面板受力性能分析[J].许昌学院学报,2018,37(2):31-33.

[14] 林立,陈锴,陈昌萍,等.超强台风"莫兰蒂"作用下玻璃幕墙灾损普查及实验分析[J].福州大学学报(自然科学版),2018,46(6):881-887.

[15] 黄宝锋.建筑幕墙结构检测与评价方法研究[D].上海:同济大学,2006.

[16] 刘正权,刘海波.门窗幕墙及其材料检测技术[M].北京:中国计量出版社,2008.

[17] 宋秋芝,刘志海.我国玻璃幕墙发展现状及趋势[J].玻璃,2009(2):28-31.

[18] 王丽.玻璃幕墙的技术特征及其表现力研究[D].杭州:浙江大学,2013.

[19] 帕特里克·洛克伦.坠落的玻璃-玻璃幕墙在当代建筑中的问题与解决方案[M].周洵,译.北京:中国建筑工业出版社,2008.

[20] 中华人民共和国建设部.玻璃幕墙工程技术规范:JGJ 102—2003[S].北京:中国建筑工业出版社,2003.

[21] 褚智勇.建筑设计的材料语言[M].北京:中国电力出版社,2006.

[22] 王静.日本现代空间与材料表现[M].南京:东南大学出版社,2005.

[23] 陆津龙.既有玻璃幕墙安全性能检测评估[J].上海建材,2006(5):19-20.

[24] 张元发,陆津龙.玻璃幕墙安全性能现场检测评估技术探讨[J].新型建筑材料,2002(5):49-52.

[25] 黄宝锋,卢文胜,曹文清.既有建筑幕墙的安全评价方法初探[J].结构工程师,2006(3):76-79.

[26] 方东平,李铭恩,毕庶涛.建筑幕墙的安全问题及评估方法[J].新型建筑材料,2001(4):12-15.

[27] 张芹.玻璃幕墙工程技术规范理解与应用[M].北京:中国建筑工业出版社,2004.

[28] 中华人民共和国工业和信息化部.平板玻璃:GB 11614—2022[S].北京:中国标准出版社,2022.

[29] 中华人民共和国工业和信息化部.建筑用安全玻璃 第2部分:钢化玻璃:GB 15763.2—2005[S].北京:中国标准出版社,2005.

[30] 中华人民共和国工业和信息化部.建筑用安全玻璃 第3部分:夹层玻璃:GB 15763.3—2005[S].北京:中国标准出版社,2005.

[31] 中国建筑材料联合会.中空玻璃:GB/T 11944—2012[S].北京:中国标准出版社,2012.

[32] 中国建筑材料联合会.镀膜玻璃 第1部分:阳光控制镀膜玻璃:GB/T 18915.1—2013[S].北京:中国标准出版社,2013.

[33] 中国建筑材料联合会.镀膜玻璃 第2部分:低辐射镀膜玻璃:GB/T 18915.2—2013[S].北京:中国标准出版社,2013.

[34] 中国建筑材料联合会.硅酮和改性硅酮建筑密封胶:GB/T 14683—2017[S].北京:中国标准出版社,2017.

[35] 中华人民共和国工业和信息化部.建筑用硅酮结构密封胶:GB 16776—2005[S].北京:中国标准出版社,2005.

[36] 中国建筑材料联合会.中空玻璃用弹性密封胶:GB/T 29755—2013[S].北京:中国标准出版社,2013.

[37] 中国有色金属工业协会.变形铝及铝合金牌号表示方法:GB/T 16474—2011[S].北京:中国标准出版社,2011.

[38] 中国有色金属工业协会.变形铝及铝合金化学成分:GB/T 3190—2020[S].北京:中国标准出版社,2020.

[39] 中国有色金属工业协会.铝合金建筑型材 第1部分:基材:GB/T 5237.1—2017[S].北京:中国标准出版社,2017.

[40] 中国有色金属工业协会.铝合金建筑型材 第2部分:阳极氧化型材:GB/T 5237.2—2017[S].北京:中国标准出版社,2017.

[41] 中国有色金属工业协会.铝合金建筑型材 第3部分:电泳涂漆型材:GB/T 5237.3—2017[S].北京:中国标准出版社,2017.

[42] 中国有色金属工业协会.铝合金建筑型材 第4部分:喷粉型材:GB/T 5237.4—2017[S].北京:中国标准出版社,2017.

[43] 中国有色金属工业协会.铝合金建筑型材 第5部分:喷漆型材:GB/T 5237.5—2017[S].北京:中国标准出版社,2017.

[44] 中国钢铁工业协会.碳素结构钢:GB/T 700—2006[S].北京:中国标准出版社,2006.

[45] 中国机械工业联合会.紧固件机械性能螺栓、螺钉和螺柱:GB/T 3098.1—2010[S].北京:中国标准出版社,2010.

[46] 中国机械工业联合会.螺纹紧固件应力截面积和承载面积:GB/T 16823.1—1997[S].北京:中国标准出版社,1997.

[47] 中华人民共和国住房和城乡建设部.建筑装饰装修工程质量验收规范:GB 50210—2018[S].北京:中国建筑工业出版社,2018.

[48] 中华人民共和国住房和城乡建设部.玻璃幕墙工程质量检验标准:JGJ/T 139—2020[S].北京:中国建筑出版传媒有限公司,2020.

[49] 中华人民共和国住房和城乡建设部.建筑节能工程施工质量验收规范:GB 50411—2019[S].北京:中国建筑工业出版社,2019.

[50] 中华人民共和国住房和城乡建设部.建筑物防雷设计规范:GB 50057—2010[S].北京:中国建筑工业出版社,2010.

[51] 中华人民共和国住房和城乡建设部.建筑电气与智能化通用规范:GB 55024—2022[S].北京:中国建筑工业出版社,2022.

[52] 中华人民共和国住房和城乡建设部.建筑设计防火规范:GB 50016—2014[S].北京:中国计划出版社,2014.

[53] 陆震龙,张云龙.建筑幕墙检测中的常见问题及分析[J].江苏建筑,2004(4):42-47.

[54] 刘小根,王秀芳,王占景,等.环境温度作用下中空玻璃密封单元变形解析[J].中国建筑防水,2015(12):10-13.

[55] 刘小根,包亦望,王秀芳,等.安全型真空玻璃结构功能一体化优化设计[J].硅酸盐学报,2010,38(7):1310-1317.

[56] 刘小根,包亦望,邱岩,等.隐框玻璃幕墙结构胶损伤检测[J].中国建筑防水,2011(17):26-30.

[57] 刘小根,邱岩,包亦望.结构胶的长期力学性能及其时间-应力等效性研究[J].中国建筑防水,2014(5):14-16.

[58] 上海市城乡建设和交通委员会.建筑幕墙安全性能检测评估技术规程:DG/TJ 08-803—2013[S].上海:同济大学出版社,2013.

[59] 万德田,包亦望,刘小根,等.门窗幕墙用钢化玻璃自爆源和自爆机理分析及在线检测技术[J].中国建材科技,2010(增刊2):178-183.

[60] 包亦望,万德田,刘立忠,等.钢化玻璃自爆源和自爆机理分析[J].建筑玻璃与工业玻璃,2007(12):23-28.

[61] 中国建筑材料联合会.玻璃缺陷检测方法 光弹扫描法:GB/T 30020—2023[S].北京:中国标准出版社,2023.

[62] 徐芝纶.弹性力学[M].2版.北京:人民教育出版社,1982.

[63] 杜庆华,杨锡安.工程力学手册[M].北京:高等教育出版社,1994.
[64] 傅志方,华宏星.模态分析理论与应用[M].上海:上海交通大学出版社,2000.
[65] 刘小根,包亦望.基于固有频率变化的框支承玻璃幕墙安全评估[J].沈阳工业大学学报,2011,33(5):595-600.
[66] 张兆德,王德禹.基于模态参数的海洋平台损伤检测[J].振动与冲击,2004,23(3):5-9.
[67] 刘小根,包亦望,万德田,等.基于模态参数的隐框玻璃幕墙结构胶损伤检测[J].门窗,2009(10):21-26.
[68] 刘西拉,左勇志.基于Bayes方法的结构可靠性评估和预测[J].上海交通大学学报,2006,40(12):2137-2141.
[69] 刘小根,包亦望,邱岩,等.幕墙中空玻璃失效在线检测技术[J].土木工程学报,2011,44(11):52-58.
[70] 刘小根,包亦望,等.真空玻璃真空度在线检测技术与应用[J].郑州大学学报,2009,30(1):101-105.
[71] 广东省住房和城乡建设厅.建筑幕墙可靠性鉴定技术规程.DBJ/T 15-88—2022[S].北京:中国城市出版社,2022.
[72] 四川省住房和城乡建设厅.既有玻璃幕墙安全使用性能检测鉴定技术规程.DB51/T 5068—2010[S].成都:四川省建设科技发展中心,2010.
[73] 谭志催,王永焕,张会东,等.既有建筑玻璃幕墙胶的现场检测方法[J].工业建筑,2013(增刊1):24-27.
[74] 赵守义,刘盈.浅议推杆法现场无损检测既有玻璃幕墙结构胶粘结可靠性[J].工程质量,2015,33(6):42-44.
[75] 林圣忠,邵晓蓉,王晨,等.基于应变的玻璃幕墙结构胶损伤检测研究[J].门窗,2010(12):22-23.
[76] 曾赛丽.玻璃幕墙的抗风性能和安全评估方法研究[D].长沙:湖南大学,2012.
[77] 中华人民共和国工业和信息化部.聚氨酯建筑密封胶:JC/T 482—2022[S].北京:中国建材工业出版社,2022.